> 從台海戰爭到居家避難，一次看懂

台灣人的
民防必修課

著

韌性篇

目次 一

面對未知與不測，
我們需要知識與行動　何澄輝　006

戰爭與屈辱的選擇　沈伯洋　009

第一章　重新理解「戰爭」這回事　013

壹、戰爭是什麼？　014

貳、為什麼台灣要正視戰爭？　019

　　一、為什麼「不」？戰爭不會降臨我頭上？

　　二、守護自己

　　三、保衛和平秩序

參、建立「抵抗的意志」和「自助互助的能力」

　　　　　　　　　　　　　　　　　　027

第二章　用小知識戳破中國軍事謠言　029

壹、戰爭的發展、類型和組成　030

貳、快拆十大攻台謠言　031

一、彈洗台灣？

二、巡弋飛彈與長程火箭彈轟垮台灣？

三、貨櫃搖身一變飛彈船？

四、天降奇兵斬首政經中樞？

五、快打部隊乘直升機奇襲斬首？

六、用民航機載兵突襲？

七、無人機淹掉台灣防禦？

八、萬船載百萬軍隊攻台？

九、航空母艦直攻台灣東部？

十、團團圍住，鎖死台灣？

參、台灣怎樣撐、怎麼守　054

一、台灣目前的戰備人力規劃

二、台灣的民防狀況

第三章　已經開打的隱形戰爭：
灰色地帶作戰　057

壹、什麼叫做「灰色地帶作戰」？　059
　　一、海事衝突
　　二、空中衝突
　　三、灰色地帶作戰如何能夠「有效」

貳、解放軍的「三戰」策略　076
　　一、菲律賓版「九二共識」
　　二、金門查緝走私船事件

第四章　中國對台輿論戰　087

壹、「輿論戰」的發動　088
　　一、輿論戰的組織與代理人
　　二、文化與宮廟宗教統戰：媽祖信仰的工具化

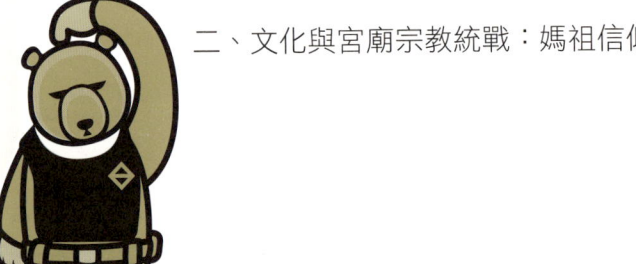

貳、輿論戰的手法　　*108*

參、輿論戰的進攻對象與效果　　*115*
　　一、輿論戰的目標對象
　　二、輿論戰的攻擊管道與效果

肆、對抗輿論戰　　*129*
　　一、不讀不傳就萬無一失？
　　二、在資訊世界裡如何保護自己？

伍、OSINT 公開情報蒐集、Fact Check　　*133*

陸、結語：
　　「心防」的重要性：成為捍衛家園的重要後備員　　*135*

附錄：近未來戰爭的樣貌與烏克蘭經驗　　*139*

壹、近未來戰爭的樣貌：AI　　*140*

貳、近未來戰爭的樣貌：無人載具　　*141*

台灣人的民防必修課：
從台海戰爭到居家避難，一次看懂　韌性篇

序
面對未知與不測，
我們需要知識與行動

黑熊學院共同創辦人兼首席顧問　何澄輝

　　現實的世界與社會充滿風險，人人都希望不要遭受風險發生的後果。然而，面對危險導致損失的可能性，無視、輕忽、逃避、否認它發生的可能，甚至面對相關議題時惶恐不安或置若罔聞，都不能解決、也無法避免事態的發生。認真理解現況，針對可能的挑戰積極準備，謹慎應對，這是面對風險管控的基本認知，同時也是應有的態度。近年來，世界局勢並不太平，衝突與動盪頻繁突發，加劇了人們的不安。2021年5月，英國《經濟學人》雜誌封面文章，將台灣列為全世界最危險的地方，凸顯了身在此處的我們，其實正面臨著真實又迫切的地緣政治風險與危機。但弔詭的是，因為動亂與戰火並未直接波及台灣本土，台灣社會反而處於安逸的幻覺當中，提出警示的人，則因為各種理由，被視為不討喜的烏鴉，遭人嫌惡物議。

　　這些危機與風險，並不是直到衝突爆發、無可挽回的

序　面對未知與不測，我們需要知識與行動

階段才會開始影響我們。面臨嚴峻的威脅，此時此刻，人們必須開始重新規劃、配置資源，加強對於危害發生的預警機制，同時做好緊急事態的處置計劃與演練。同時，為了避免誤判，還必須時時評估、驗證自身的準備方案是否可行或有所遺漏。直面危機事態的可能，加強應變的反應速度與能力，才是實際且唯一的避害之道。

　　隨著資訊科技日新月異、推陳出新，社會大眾獲得資訊的管道、數量和速度也越來越多元豐富。但我們認為，正是在這樣的時刻，才更應該有一套以台灣為主體、提綱挈領的應變指南，幫助大家整理各種紛亂複雜的資訊，正確認知我們自身的處境，從而應對風險、迎接挑戰，思考該如何開始行動。這套手冊，不是應對這些狀況的終點，而是開始認知並且起身行動的起點，是提示，是參考，當然也是共同關心者積極作為的連結與基礎。

　　我們不確定前景是否總是晦暗陰鬱，會不會是我們過於杞人憂天？但近期世界各地所爆發的地緣政治衝突與危機，一再向我們表明：人們在大難將至之前，如果無視又諱疾忌醫，必然遭致橫禍與難以收拾的危害。未雨綢繆的故智，早被許多人視為刺耳的陳腐異音，刻意被忽視遺忘。但正因如此，才應該要認真看待災害、衝突與戰爭威脅的危害，並積極準備。畢竟唯有備戰，才能止戰！

　　識別威脅與挑戰是一種認知能力，而希冀我們所珍愛的

自身、家人、夥伴，甚至生活方式不被威脅危害，則是一種信仰與價值觀。那些早已內化成為我們自我認同的自由、身分，以及各種民主社會之間共享的普世價值，值得我們起身捍衛，也應該由我們一起守護。透過「知」與「行」，認知與實踐的合一，是我們面對未知不測的嚴峻挑戰，最好也最義無反顧的策略與責任。

序
戰爭與屈辱的選擇

黑熊學院共同創辦人兼榮譽院長　沈伯洋

在戰爭與屈辱面前,你選擇了屈辱;可是,屈辱過後,你仍得面對戰爭。——邱吉爾

邱吉爾這句話,是因為當年英國首相張伯倫,決定要用「理性、務實」的妥協,解決與希特勒之間的矛盾。然而,事後證明,希特勒的貪婪是沒有極限的。

中國也是一樣。

中國對台侵略的最終目標,是在花費極少的兵力下,讓台灣自己投降。而這個投降有一個形式,叫做「和平協議」。

中國在1951年與西藏簽了和平協議,1959年進入西藏鎮壓;香港被承諾50年不變,結果是香港國安法的制訂與血腥鎮壓;烏克蘭在1995年因為布達佩斯安全保障備忘錄放棄了核武,結果2014年克里米亞被併吞;之後的明斯克和平協議等看似解決了衝突,最後面臨的是2022俄羅斯宣

稱和平協議作廢,並全面進攻烏克蘭。

獨裁者的保證,在歷史上並沒有意義。和平協議的本質就是「侵略協議」。

你越軟弱,他越願意吃掉你。

台灣生存的唯一條件,就是自立自強。國外的幫助是一種期待,但如果沒有堅強的抵抗意志,盟友的幫忙都會失去意義。

我們黑熊學院之所以會被中國制裁,不是因為我們在教避難生存的方式,不是因為我們有急救相關的課程,也不是因為我們有軍事普及、認知作戰的教學。而是因為我們不斷地在提醒台灣社會大眾,敵我意識的重要性。

中國最懼怕的,是一群信仰民主、捍衛海島的人們。中國害怕的是鬥志,害怕的是與「一個中國」完全衝突的信念,害怕的是為了守護自由而堅忍不拔的心智。

因為這些都會讓中國的「侵略協議」無法得逞。

戰爭是意志的較量。

而我相信台灣的意志不會輸。我們民主前輩的經驗重量不會輸、我們土地之神的守護不會輸,我們高尚與自由的靈魂不會輸。

政府能做的,就是讓國軍做好戰備,並與國際接軌;民防能做的,就是學習現代的技能,撐住戰場的後方;一般人民能做的,就是確保堅強的意志,努力生活。

聽起來做台灣人很辛苦,但是,只要我們意志堅定,不管過幾個世代,台灣永遠都會在。

第一章

重新理解 「戰爭」這回事

壹　戰爭是什麼？

　　戰爭，這個影響深遠的「人禍」，是人類社會面臨存續最嚴峻的挑戰之一，被視為人類社會終極的噩夢與挑戰。從早期的冷兵器時代開始，人類使用金屬武器如刀劍、棍棒，以及遠距射擊武器如弓箭、標槍等進行戰鬥，是最古典的作戰方式。

　　14世紀開始，火藥被使用在軍事上，進入熱兵器時代，這一科技的引入使得爆炸性武器成為可能，顛覆了以前的戰術方式，並對政治、經濟、社會甚至整個人類歷史產生深遠影響，戰爭的範圍與破壞力也開始擴大。

　　熱兵器的發展最終摧毀了封建體制；而因為武器威力的增強，對於個人戰技的需求與訓練時間減少，使得軍隊的組成從以貴族為主體的軍隊轉變到民族性質的軍隊。同時，戰爭的規模也擴大，戰爭的目標從封建領土和繼承權的爭奪，逐步發展為國家利益和意識形態之間的衝突。

　　進入20世紀後半葉，人類社會中有相當一部分的地區與國家迎來了長期的穩定與和平的生活。這段時間以來，經濟、文化與社會都獲得長足的發展與進步。於是，不少世人開始對「戰爭」感到陌生，甚至忘卻可能的威脅與侵害，「戰爭」逐漸成為「遙遠的記憶」，或者是「遙遠異國發生的悲慘事件」。

第一章　重新理解「戰爭」這回事

不幸的是，進入 21 世紀，ICT（資訊通訊科技）產業發達、通訊電子設備普及，戰爭除了傳統的軍事衝突，更擴及虛擬空間、認知及意識形態之間的鬥爭。型態開始多樣化，涉及資訊、外交、輿論、經濟、科技、糧食等諸多領域。例如美國與中國之間的貿易戰、科技戰，以及中國在 COVID-19 疫情期間對澳洲發動的貿易戰。

以美中貿易戰為例，美國認為中國長期進行不公平貿易行為，為了施壓中國做出改變，因此自 2018 年以來多輪對部分來自中國的商品施加額外關稅，中國也宣布會採取相對應的措施。兩國的貿易戰最後導致在中國的外國產線開始出走，進而使以出口導向的中國製造業衰退。貿易戰對中國造成的波動來得很快，根據中國國家統計局 2019 年 5 月底公布的資料顯示，該月製造業 PMI（採購經理人指數）為 49.4%，再次位於榮枯線（PMI 指數等於 50 為分水嶺）以下，在此前中國多年來製造業 PMI 多維持在 50% 以上。

近年中國也曾對澳洲採取過貿易戰。2020 年 COVID-19 疫情期間，澳洲政府呼籲對病毒的起源進行獨立調查，此舉惹怒中國，遂對澳洲木材、煤炭、大麥、龍蝦、紅酒實施價值 130 億澳幣的進口限制。中國以經濟逼迫澳洲政府改變態度的模式，即是所謂的以商逼政。由此可見，除了傳統的軍事武力，透過包括貿易壁壘等措施亦是試圖打擊對方的「經濟戰」手段，同時藉此改變對方的政治與經濟現狀。

第一章　重新理解「戰爭」這回事

除了貿易戰，晶片也可以是戰場之一。為了防止中國將歐美日技術應用於軍武，美國聯合日本、荷蘭等盟國對中國進行高科技圍堵，特別是晶片相關領域。先進晶片可被用於軍事相關的科技，因此限制中國晶片製造的發展能大大延緩軍事科技的研發；例如2023年10月美國宣布限制對中國輸出先進人工智慧（AI）的技術與產品，遏止中國取得先進晶片發展 AI 技術。因為 AI 技術能被用在軍事領域，將對美國國家安全構成威脅；美中科技戰的主戰場雖然是在晶片領域，最終仍連結到軍事與國安。

在認知領域作戰時，攻擊方往往會創造輿論上的優勢，對被侵略方形成不利的輿論氣氛，藉此孤立被侵略方，同時在開戰時透過駭客攻擊破壞其通訊、公共服務網絡與基礎設施運作，在被侵略方陷入混亂之際，同步進行傳統的軍事攻擊。這種混合傳統與非傳統的安全威脅態勢，北約的軍事術語稱為「混合威脅」（Hybrid Threat），更為人們所熟知的名詞就是「混合戰」。

2022年2月發生的俄羅斯入侵烏克蘭戰爭，交戰雙方也不僅僅是實際戰場的交鋒，還同時發動輿論戰、外交戰等。例如烏克蘭總統澤倫斯基奔走歐美爭取西方世界的援助，俄羅斯也頻頻拉攏中國、朝鮮等國支援，俄羅斯總統蒲亭2023年10月訪問北京時強化兩國「無上限」的夥伴關係，同時加深兩國的能源合作。此外，2023年10月爆發的以色

列－哈瑪斯戰爭，除了第一線的戰事，哈瑪斯不斷透過各種資訊管道訴諸以色列入侵所造成的傷害，而以色列政府也同樣四處奔走宣傳自身立場，雙方均在爭取國際輿論的支持。

由上述例子可知，現代戰爭的樣貌除了槍林彈雨，還有外交、輿論、經濟、科技等方方面面。因此在本質上，戰爭是「意志與意志之間的較量」，也是各方會用盡一切方法使對方意志屈服的組織性行為，也就是戰爭的勝負是看誰先心防崩潰而投降。因此戰爭的手段五花八門，也不限於傳統軍事行動。既然是意志的較量，敵方自然不會放過資訊領域的作戰，包含散布假消息、疑政府論、疑美仇日論、投降論等各種陰謀論，乃至於透過駭客入侵破壞資料庫與基礎設施，其用意就是要盡可能動搖民心，降低征服的障礙、縮短達成軍事目的之期程。

綜觀人類的歷史，戰爭其實離我們不遠，甚至很可能轉瞬即至。這或許讓人感到震驚，且違背我們生活經驗的長期認知。然而，這段我們「習以為常」的安逸與平穩，其實無論從歷史的經驗規律，或是當前情勢的評估都可發現，這種對於「恆常和平」的感知與認識反而是虛幻、不現實的。拜資訊科技的突飛猛進所賜，戰爭的面貌不僅多樣化，從過去「兵馬未動、糧草先行」轉變為「兵馬未動、輿論先行」，已成為本世紀戰爭最大的特色。

第一章　重新理解「戰爭」這回事

貳　為什麼台灣要正視戰爭？

一　為什麼「不」？戰爭不會降臨我頭上？

即便台灣現今人壽年豐，生活中仍存在各種不測風險，包括颱風、地震、疫情、氣爆、塵爆等各種災害及複合性公共危險，這些危險都會威脅我們的生活，這就是現代科技文明下的「風險社會」（Risk Society）現狀。而戰爭是其中最極端、影響最深刻的例子。

戰爭發生的機率難測，但危害廣泛且劇烈。那台灣離戰爭多遠？

由於複雜的國際與地緣政治關係，台灣雖然 70 多年來持續受到戰爭的威脅，但始終沒受到傳統戰爭的直接波及，歷史及空間的距離讓人們一直有著戰爭遙遠的錯覺。而這樣的錯覺便是：「昨日沒發生戰爭、今天也沒有戰爭，未來也應該不會有戰爭。」

現實則是，自 1949 年以來，台灣一直處在中國「不惜武統」的戰爭威脅陰霾下，因為國際政治的多方博奕與抗衡情勢，以及經濟全球化進程的發展，使得「謀我日亟」的侵略者，在權衡利弊得失後，選擇收斂爪牙與蟄伏野心實踐的渴望。但 2013 年習近平上任中共中央總書記後，放棄了過去「韜光養晦，絕不當頭」的基本國策，採取更加積極擴張的言論與行動，表明其作為區域強權，進窺國際秩序權力主

台灣人的民防必修課：
從台海戰爭到居家避難，一次看懂

導、改變並制定規則的「修正主義」立場。同時為確立這些積極態度，持續發出不惜武力奪取以實現主權聲索之主張，至此，台海長期均衡所維持的和平現狀，開始受到破壞與威脅，戰爭的陰雲濃墨重彩地重新籠罩台海與印太區域的上空。

中國長年幾乎每日都有軍機、軍艦進入台灣防空識別區，特別是在台灣跟美國有實際互動之時，例如2022年8月時任美國眾議院議長裴洛西訪台，中國出動大量軍機、軍艦在台灣周邊演習，單日最高侵擾軍機為21架次。2023年4月蔡英文總統訪美歸來後，中國單日出動軍機70架次，軍艦11艦次，其中35架次軍機逾越海峽中線及進入西南、東南空域。

同年9月17日中國以歷史新高紀錄的103架次軍機擾台，其中有40架次越過海峽中線，包括戰鬥機蘇愷-30、殲-10、殲-11、殲-16共36架次，加油機運油-20為2架次，預警機空警-500為2架次，此次數量已接近戰役規模。其中殲-16與空警-500的路徑延伸到台灣東部，恐是針對台灣東部軍機場作為演練目標。

除了在軍事方面的灰色行動，中國介入台灣選舉、發動貿易戰以商逼政也早已是行之有年。因此，「戰爭不會降臨我頭上」的錯覺是危險的，在面臨戰災時更容易第一時間遭痛擊而一蹶不振。先做好準備就是面對風險的積極態度。面

第一章　重新理解「戰爭」這回事

中國蘇愷 -30 PLAAF_Sukhoi_Su-30_at_Lipetsk-2
（Dmitriy Pichugin ／ CC BY-SA 4.0）

運油 -20 YY-20A_taking_off_at_CCAS2023
（N509FZ ／ CC BY-SA 4.0）

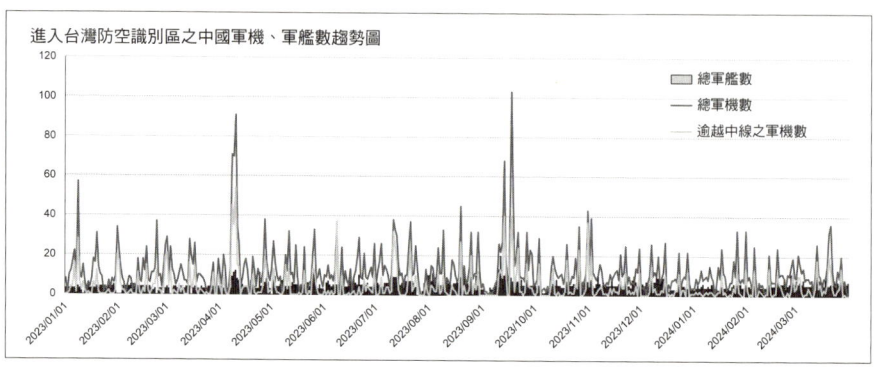

對戰爭的風險,一如「風險管控」的基本邏輯,認識危害可能性與破壞的範圍,並積極準備與謹慎動態應對,是面對各類風險的應有態度。

二 守護自己

　　如前述,我們瞭解到,當代戰爭的衝突樣態與範圍十分廣泛,所涉及的對象也並非僅止於軍事部門。不論戰爭型態為何,一旦「戰爭」開打,所涉及的對象是全體社會的方方面面。因此,面對戰爭的挑戰,不僅軍隊、政府機關要做好準備,社會上的每個人也都需要做好準備。保護好自己與家人,在危難中互助,這就是對總體社會至關重要的貢獻。在挑戰中確保存活,積極回復與維持社會的存續與發展,實為面對戰爭威脅下的首要課題與挑戰。

　　戰爭中最重要也最有意義的資源,當屬於「人」。社

第一章　重新理解「戰爭」這回事

會中的個人,特別是民主國家的個人,不論你是否為軍人或政府部門人員,資源調撥配置的行為中,個人作為主動積極的「參與者」或是被動消極的「支持者」,實際上都有利於戰爭態勢下持續的積極抵禦。前線的戰鬥當然重要,也必須予以支持,而持續的積極抵抗戰鬥,有賴後勤源源不絕地支持。換言之,在衝突與戰爭中,不僅僅是軍事前線部門有其職責與擔當角色。作為後方支援與支持角色的其他部門與民間社會,其堅定而持續的支持,也是必不可少的關鍵力量。

舉以色列全民皆兵為例,服兵役除了備戰,更是年輕人成長與身分認同的重要社會和教育儀式,男女皆兵配合歷經考驗的民防體制,就是以色列在群敵環伺下的生存之道。在2006年第二次黎巴嫩戰爭後的隔年,以色列成立「國家緊急應變機關」(National Emergency Management Authority,NEMA)負責在緊急情況下協調和整合所有本土防禦的組織,同時每年進行5至7天的「轉折點」(Turning Point)演習。除了國防各部會與決策者參與演練,還會動員公民、警察、地方政府、安全與搜救機構、學校、社服、照護、通訊等系統,以及其他公私組織來提升全體社會對緊急狀態的準備程度。

以色列備戰為的是守護自己的家園與生活方式。台灣作為一個民主國家,目前所面臨的主要威脅是中國。中國作為一個極權國家,權力運作邏輯跟民主國家不同;民主國家

政權的合法性來自人民的授權、民眾的託付,所以會定期改選。取得政權的政黨在一定時間內具有決策影響力,做不好則會喪失政權,被其他政黨取代。此即民主國家統治的基礎與原理。

相較之下,中國一黨專政的統治合法性並非來自投票等自由民主方式,而是來自共產黨的獨裁統治。因此一黨專制的中國在欠缺民主正當性的情況下,為了維繫政權而長年採取高壓統治。然而,中國社會與政治高層近年動盪,例如前任國家主席胡錦濤在二十大閉幕被架離會場、時任外交部長的秦剛與國防部長李尚福上任不久即遭撤換,火箭軍高層遭清洗,前一任國務院總理李克強猝逝引發多方揣測。面臨當前與未來政治經濟結構發展與治理失靈的質疑,使得中國內部猶如多個火源同時加熱的壓力鍋。中國內部壓力越大,使得鞏固權力成為必然驅力,在此狀態下,台海情勢的風險也越高。

對台灣來說,若遭中國統一,原本民主自由的價值與生活方式勢必遭到顛覆。因此跟以色列一樣,台灣備戰為的是守護自己和下一代

第一章　重新理解「戰爭」這回事

的家園與生活方式。

三 保衛和平秩序

　　近年台灣總統大選常常是國際關注的焦點之一，特別是對於美國和日本的戰略與安全來說。我們來看看在地緣政治分析中，台灣的戰略地位為何如此重要。首先，台灣位於第一島鏈中，是一地可控制兩個進入西太平洋關鍵孔道（宮古海峽和巴士海峽）的關鍵位置。這兩個水道是中國艦隊進入西太平洋深水區的必經之路，中國若要有效地形成對美國的戰略威懾，必須讓核子戰略潛艦能夠進入深水區，避開美國的有效反潛偵側與獵殺，進而實現核子威懾的可能。因此，台灣的地理位置對於美國和中國來說都相當重要。中國有意控制台灣以威嚇美國，美國則需要守護台海區域來阻止中國潛艦和艦隊突破第一島鏈。

　　其次，台灣所處的印太地區成為美國近年來的關注重點。此地區人口占全球61%，且美國前15大貿易夥伴中有7個位於印太，此區的貿易總量超過一半。美國也與印太地區簽訂了五個重要的區域安全條約，包括美韓防衛條約、美日安保條約、美菲軍事條約、澳紐美安全條約（ANZUS）以及澳英美安全協定（AUKUS）。換句話說，美國在這個區域擁有好幾個重要戰略夥伴，台灣也是其不可忽視的重要盟友。

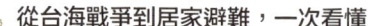

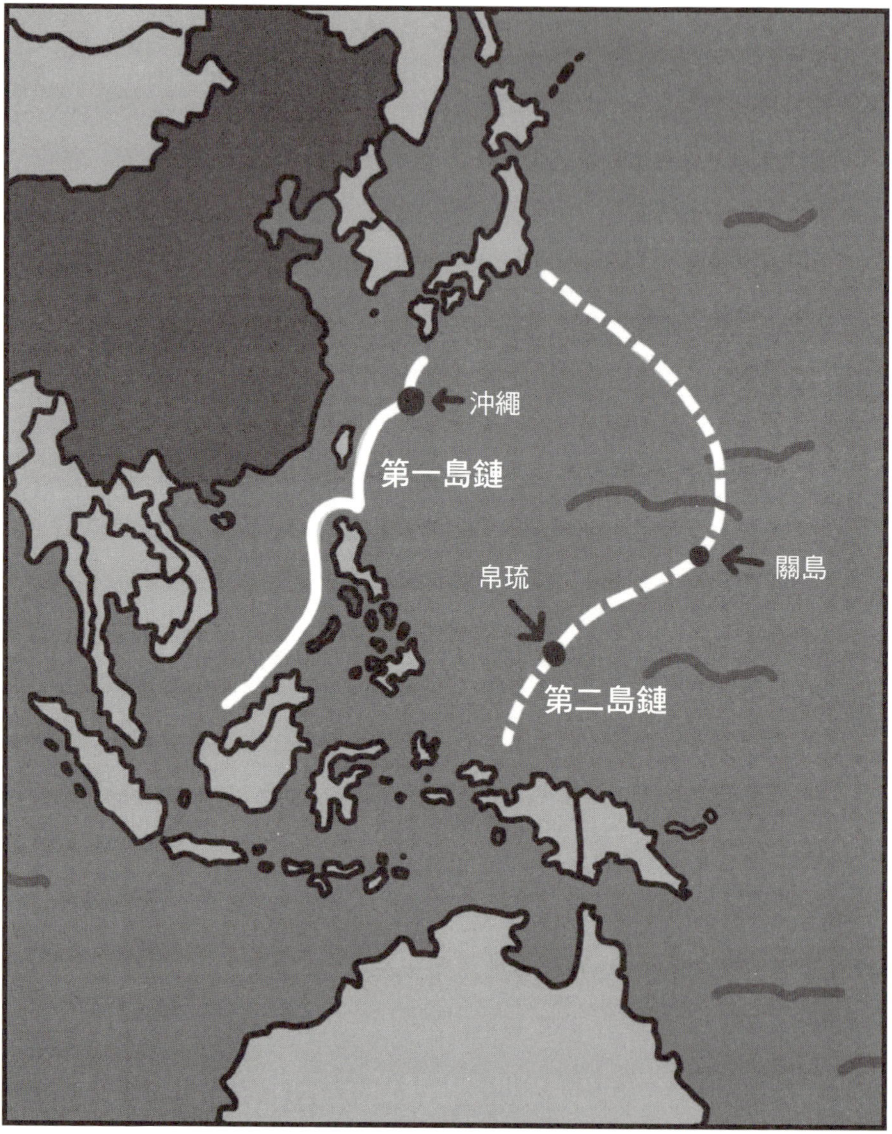

第三，全球航線的 88% 都經過台灣海峽，他們的目的地雖不一定是台灣，但都會通過這條航道。因此，台海問題不僅涉及區域貿易，還在全球貿易中扮演著重要角色。例如 2019 年 9 月時任日本防衛大臣的岸信夫曾表示，日本有 90％的能源運送會經過台灣周邊，加上日本最西端領土與台灣相鄰，台灣發生任何變故都將直接衝擊日本。

第四，台灣在半導體供應鏈中的地位難以撼動，若是考量整體晶圓代工市場的市占率，台積電占比約六成，再加上聯電、力積電和世界先進，台廠在晶圓代工的市占率將近七成。若台灣受到戰火波及，全球的半導體製造將受到嚴重衝擊，損失難以預估。

參 建立「抵抗的意志」和「自助互助的能力」

台灣現在的民主生活得來不易，而當前中國的獨裁體制跟台灣的民主體制有根本上的矛盾，加上中國向來不承認台灣共同體的自我認同，也不信任民主自由價值。因此，面對中國不斷進逼，有「抵抗的意志」和「自助互助的能力」才能保衛家園與民主生活。

囿於過去經驗與刻板的印象，戰爭似乎最被人們關注的僅僅是前線的戰鬥部分。然而，「內行的看門道，外行的看

熱鬧」，戰爭中最為關鍵是後勤能力。物資的源源不斷，是維持抵禦持續不輟的基礎；但在精神層面上，抵抗意志的存在與恆常旺盛，更是防衛的基石。

抵抗能力必須立基於社會整體的強盛。社會整體的建構與運作越健全完善，則抵抗的能力必然更為強盛。透過公民整體能力與意志鞏固而成的全民防衛體系，將從能力、意志與意願出發，從下而上組建與分布。這樣的作為，再由政府機構透過由上而下的法治與體制性保障的建構，彼此相互對接，互為奧援，方能形成綿密與厚實的力量。

俄國革命家托洛斯基（Leon Trotsky）曾說：「你也許對戰爭沒有興趣，但戰爭對你深感興趣。」因為你就是戰爭的目標，你就是那個敵人想方設法要屈服的對象。

第二章

用小知識
戳破中國軍事謠言

壹 戰爭的發展、類型和組成

誰也無法百分之百預料中國對台攻擊的方式,但根據多個國際智庫的研究,例如 2023 年 7 月日本戰略研究論壇(JFSS)台美日三方的軍推,或者美國戰略與國際研究中心(CSIS)的報告。我們至少可以確定,中國對台攻擊一定有幾個重要元素,依照我們一般人應知的應對方式,可分成四種:

- 飛彈襲擊／轟炸
- 登陸戰
- 封鎖戰
- 認知攻擊

雖然無法絕對預料其進行方式,但針對上述四種「組成」,我們一定要知道該如何面對、站穩立場,這就是民間部門應該建立的「韌性」目標。以下的章節將以幾個例子來介紹這四種中國攻台元素,同時拆解投降論者的相關謠言。謠言百百種,變化型態相當多,無法逐一討論,但仍期望讀者能透過以下拆解謠言的過程,掌握謠言的敘事邏輯、軍事科普知識以強化心防。

第二章　用小知識戳破中國軍事謠言

貳　快拆十大攻台謠言

一 彈洗台灣？

　　2022年8月初美國時任眾議院議長裴洛西訪台結束後的隔日，中國出動大量軍機、軍艦在台灣周邊演習，也在台灣北部、南部及東部周邊海域發射11枚東風系列彈道飛彈。除了回應美國第三號人物（總統繼任順序第二）訪台，圍台演習的目的也是為了威嚇台灣人民。值得注意的是，彈道飛彈有5枚落入日本專屬經濟區（EEZ），引起日本強烈抗議要求中止軍演。美國、歐盟、東協、G7同聲譴責中國的演習無正當理由，由此可知，中國彈道飛彈演習也造成區域不安。

　　隔年的4月5日，時任總統蔡英文與美國時任眾議院議長麥卡錫在美國會晤，中國再度發起環台軍演。此次軍演，中國央視還公開一段「南部戰區艦艇進行實彈演練」的畫面，以及東部戰區空軍模擬發射飛彈攻擊目標的影片，還以「台島上空的聲音」作為標題。另有影片則是砲轟台灣的「模擬動畫」，畫面中有2發飛彈，分別射向台北與高雄，挑釁意味十足。然而，央視公布的畫面遭質疑是過去在南中國海演習的舊照。中國不僅以演習恫嚇台灣，同時也藉此運用各種媒體形式對台進行認知作戰。

中國以上例子中的「實」「虛」飛彈演習正好讓投降論者宣稱,中國擁有大量的各式飛彈,只要一開戰就可以將台灣轟成一片焦土。此種謠言的盲點是過度渲染飛彈的威力,省略了許多根本的因素。不過,在戳破這個謠言之前,先來簡述「炸彈」與「飛彈」的差別。

一般來說,炸彈與飛彈有兩個主要的差別。炸彈是爆炸物,本身並不一定有推進系統(傳統、多數都是沒有的),多數是用無動力方式投擲,例如利用飛機水平投擲或俯衝投擲,這種方式會以觀察瞄準系統確保投擲的精確度。飛彈則不同,飛彈本身有推進系統,藉此讓彈頭飛往攻擊目標,而確保飛行路線能接近攻擊目標需要靠導引部件,透過導引部件修正飛彈飛行路線。過去,炸彈與飛彈的差別,主要以推進系統及導引部件的有無作為區別標準。

但進入二十世紀,特別是從後半葉開始,電子系統快速發展及普及,使得導引部件開始廣泛部署到各種戰具。過去由於零件精密複雜而昂貴,使導引部件僅存於需要進行複雜攻擊的飛彈系統中。但隨著電子科技的蓬勃發展與市場化普及,這類零部件越來越便宜,技術也越來越成熟。所以導引炸彈開始出現,例如:雷射導引炸彈就日益普及。之後隨著定位系統的發展與普及,GPS 導引炸彈也開始出現。所以,過去的界定標準「導引部件」已開始被打破。

如此,目前最主要的區別通常在於是否有推進裝置系

統。對於必須「飛行相當長距離」後才能攻擊之目標，通常使用飛彈來完成任務。這是因為飛彈設計出來伊始，就是要可以獨立飛行接近目標，並確保彈頭的攻擊成果與效率。

根據上面的簡單介紹，再以飛彈的「費用」、「效用」與「數量」三點進行破解飛彈洗地的謠言。

費用 飛彈造價昂貴，一枚動輒數十萬甚至上百萬美元，並且因為其武器特性，通常只會用於精準打擊或威懾性轟炸，用來打擊低價值目標的機率較低，也更難達到對平民居住區的「洗地式轟炸」。

效用 飛彈的殺傷力長期被過度渲染，其實這類爆炸性武器的殺傷力主要仰賴於酬載，也就是被稱作戰鬥部的部位能承載的裝藥量，飛彈依據型號不同大約有 200～500 公斤酬載；相比之下，航空炸彈一枚酬載大約 80 公斤，但造價卻只要幾千美元。因此，最有效的攻擊方式就是透過重型轟炸機對敵方目標投擲大量航空炸藥，如此殺傷面積、破壞力與成本效益都能極大化。

這也反面地說明了，其實要使用飛彈進行遠程轟炸，恰巧是敵方沒有取得制空權的狀態下，才要進行的攻擊方式。

數量 根據 2022 年五角大廈中國軍力報告，中國有 600 多枚左右的短程彈道飛彈（SRBM）以及 300 多枚巡弋飛彈（GLCM），可用於攻台的飛彈約有 1,000 枚。但因受限於發射器的數量，第一波大約僅能發射 300 至 500 枚，

並且威力將逐波遞減。相比之下，台灣的高價值目標大約有 67 個，若以料敵從寬的方式計算中國第一波對台灣高價值目標的飛彈攻擊數：

中國第一波 500 枚 ÷ 台灣 67 個目標＝
7.46 枚／目標

也就是說，每個目標分配不到 10 枚，而且其中許多目標都有加固，十幾枚飛彈都不一定能發揮多大效用。

此外，參考 2018 年 4 月美軍為了清除敘利亞製造化學武器的設施，用了 57 枚戰斧和 19 枚空對地飛彈（JASSM），共 76 枚飛彈轟擊大馬士革巴薩科研中心。因此，如果以美軍此次轟擊敘利亞「一個科研中心」為參考數據，來估計中國第一波飛彈可以轟擊幾個台灣重要目標：

中國第一波 500 枚 ÷ 單一個目標需 76 枚＝
6.57 個目標

中國雖有可能在第一波飛彈集中轟擊 6〜7 個目標。仔細進一步計算，大馬士革巴薩科研中心建物的占地約是 2,000 平方公尺，台灣總統府建物占地約是 6,930 平方公尺，把總統府夷為平地所需的飛彈數：

· 034 ·

第二章　用小知識戳破中國軍事謠言

（台灣總統府 6,930 平方公尺 ÷ 巴薩科研中心 2,000 平方公尺）× 76 枚飛彈 = 266 枚飛彈

　　而且，還需考慮台灣防空飛彈密度在世界排名第二（僅次於以色列），特別是部署美軍的愛國者防空飛彈系統。前空軍司令張哲平上將曾在立院指出，愛國者飛彈攔截率約有 75 到 88%（也許讀者可以依此數據進一步計算中國彈洗台灣的飛彈數）。因此，中國所謂彈洗台灣的謠言不攻自破。

　　至於另有一說法是，解放軍可能會動用有別於傳統飛彈的極音速飛彈對台攻擊。中國和俄羅斯皆曾聲稱極音速飛彈擁有「不可攔截性」，能夠輕易穿透現今的飛彈防禦系統，將造成「徹底顛覆戰爭」的效果。事實上，以烏俄戰爭為例，截至 2022 年 11 月底，俄羅斯已經對烏克蘭發射了約 4,700 枚的飛彈，俄羅斯也在 2023 年開始動用其最新型的極音速飛彈「匕首」，不僅目前已有無數被愛國者飛彈攔截系統成功攔截的案例，對整體戰局而言，也未產生決定性的影響。

　　這些謠言對於飛彈威力的誇大，忽略了飛彈使用的實際限制與戰術考量。戰爭是一個複雜且多面向的問題，不能單純以飛彈的數量作為判斷依據。瞭解這些基本因素，能幫助我們更客觀地看待戰爭局勢。

二 巡弋飛彈與長程火箭彈轟垮台灣？

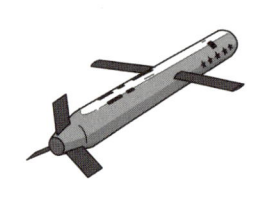

巡弋飛彈與長程火箭彈襲台論的其一特點是充滿專有名詞，例如巡弋飛彈所需的 GPS、陀螺儀等，中國已有這些技術可以用在製造飛彈精準打擊台灣，讓人覺得似乎煞有其事。但以 GPS 來說，中國無疑是有「商用」GPS，然而裝載在飛彈上需要高度精準的「軍用」GPS，中國目前技術的精準度水準是個問號，同樣的疑問也出現在包含陀螺儀等飛彈上所需的各種高階電子裝置。這些高階電子裝置所需的先進晶片，中國是否有能力從頭到尾自製更是問號。這類謠言即是用資訊不對稱唬弄台灣社會。

除了飛彈本身，「飛彈怎麼使用」也是重要的切入面向。烏俄戰爭的狀況常常被拿來想像或類比台海危機的情境，不過台海的現實地緣環境跟烏俄戰場不同。烏克蘭與俄羅斯之間有著長達 1,900 公里的陸地國境線，俄羅斯入侵烏克蘭，實際上跨過邊境線即可。台灣與中國之間的衝突則不同，台灣是四面環海的海洋國家，與中國間隔著平均寬度達 200 公里的台灣海峽。換言之，中國若欲直接侵入台灣本土，必須先爭奪台灣海峽空海域的制空權與制海權。若未能獲得絕對控制，無論是搭乘登陸艦艇，抑或是搭乘運輸機或直升機突入台灣本島，失敗的機率都極高。

因此，在未能有效掌握絕對制空權與制海權的情境下，對台灣實質攻擊威脅的最有效手段是遠程武器的打擊與投射。當前，中國遠程打擊火力的投射，主要憑藉的是彈道飛彈或巡弋飛彈的對台灣突襲或攻擊。那彈道飛彈或巡弋飛彈是什麼？

巡弋飛彈 這是一種靠機翼來產生升力的飛彈，動力來源大多是噴射引擎，可以攜帶傳統彈頭或核彈頭，射程可達數百公里。巡弋飛彈可以超音速或次音速飛行，具自我導引能力，而且還能以非傳統彈道軌跡來躲避雷達偵測。不過，需要搭配「軍用」陀螺儀、「軍用」GPS、光學偵測、快速回饋運算系統、低空飛行所需的地理圖資等，因此造價高昂。

彈道飛彈 此種飛彈通常是無翼飛彈，在燃料燒完後只會沿著預定的航道向前飛，它的航道遵循彈道學，因此可以用反空系統擊落。為了覆蓋廣大的距離，彈道飛彈必須發射到高空，進入高層大氣高空。這類飛彈通常不會向市區投射，而是用在攻擊軍事設施。

延續前面炸彈與飛彈差異的討論。長程火箭彈若無搭載導引系統，單純遵循彈道學軌跡，受氣流影響相對大，命中率相對低。因此會採取以量取勝的策略，每枚火箭彈的造價就得降低，破壞力就會下降。因為破壞力要提升就需要增加火藥，火藥增重就會讓燃料增加，整個火箭彈的體積就會增

加,整體成本大增,而且在防空系統中目標會變大。如果要增加命中率,就得搭配導引系統,其中的 GPS 裝置、光學系統、運算系統等各種先進電子裝置會讓成本大為增加。

烏俄戰場的經驗表明,俄羅斯在始終無力持續有效獲得絕對制空權的情形下,對烏克蘭的打擊通常會轉為使用遠程攻擊武器的大範圍投射,特別是對戰場以外的烏克蘭國土。然而,透過單純的遠程武力投射,並不能真正有效打擊烏克蘭的戰鬥意志。更重要的是,在烏克蘭獲得攔截彈道飛彈與巡弋飛彈的防空能力之後,不但俄羅斯的攻擊效率大幅下降,反而讓烏克蘭的民心士氣更加提高,更堅定抵抗意志。

台灣的空防系統相當綿密完善,且還在持續加強。目前擁有多層次的防空系統,包括攔截彈道飛彈與巡弋飛彈的防空量能。然而面對中國積極提升以彈道飛彈與巡弋飛彈作為主要攻擊手段與武器,台灣須正視這樣的潛在威脅,持續提升空防體系與資源建置,這也是台灣未來建軍備戰的重點。

三 貨櫃搖身一變飛彈船?

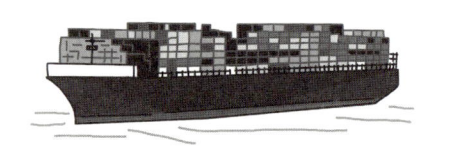

貨櫃改裝飛彈船突襲的「想法」,在二戰、美蘇冷戰期間都曾出現,甚至是 1990 年代台灣也有過改裝長榮貨輪,裝滿短程飛彈開

到香港或是上海突襲中國的論點。而中國國有企業中國航天科工集團，在 2022 年推出所謂的「貨櫃式海防作戰系統」，可以安裝在重型卡車上成為機動武器。但是，改裝貨櫃有那麼容易嗎？

強度　貨輪的打造是以商業用途為目的，在造船材料的選擇上不會用到軍規。材料強度與厚度跟重量正比，船身越重越不符商業利益，所以一般貨輪不會使用能夠阻擋現代重型武器攻擊的建造材料，加上船速較慢，因此一般貨輪在前線的生存率很低。例如台灣沱江級巡邏艦搭配的武器，就可以輕易破壞貨櫃船。

改裝費用　貨櫃改裝飛彈船不只飛彈，還要有通訊觀測、瞄準、射控（fire control）等各式裝備，再加上為了防衛而改裝，考慮整個改裝費，倒不如直接建造正規的軍艦。

國際信用　以一般商用船隻偽裝成攻擊武器突襲他國，等於自身的一般船隻均會被視為軍船。此外，其政治後果及後續成本上耗損與影響甚巨。因此貨櫃改裝飛彈船突襲論和民航機奪取機場論一樣，除非中國要跟全世界為敵，可以不計任何後續有形無形成本，不然這兩個策略將會導致其後自中國出發的所有船隻、飛機，都會被視為有搭載武器，他國為了自保可以無差別攻擊中國船隻與飛機。

這種打破戰爭規則的謠言，透過分析可知很難達成或是可行性很低，但是謠言的目的往往不是謠言本身，而是它想

造成投降的預期心理。

四 天降奇兵斬首政經中樞？

用空降部隊斬首政經中樞這個謠言的核心是中國運輸機或是低空直升機，能載著士兵偷偷飛進台北空降，殺個台灣措手不及，進而完成斬首任務。這個謠言大概有三種型態：

(1) 上百架運輸機飛進大台北地區空降數千名傘兵，分散台灣防守能量，以包圍戰術攻陷台北。

(2) 低空直升機秘密飛越台灣海峽，空降特種部隊奇襲台北，斬首台灣政經中樞，然後台灣陷入混亂。

(3) 載滿特種部隊的民航機降落松山機場，進攻台北政經中樞。

這裡先來談「上百架運輸機空降部隊」這個謠言。

目前解放軍的空降部隊有九個旅的編制，如果一個旅是 7,000 人，扣除一個支援旅、一個運輸航空兵旅，估計可投入空降任務的約是 4.9 萬人。而目前中國載力最大的運輸機運-20 最大載重能力為 66 噸，約可載 200 名傘兵，那把 4.9

第二章　用小知識戳破中國軍事謠言

萬傘兵空降台灣將需要：

4.9 萬傘兵 ÷ 單架次運 –20 載 200 人 = 245 架次

中國目前運 -20 估計是 60 架，據此可知，空降部隊奇襲斬首論，首先就遇到第一波運輸力遠遠不足的問題。

除了運輸問題，還有傘降區域的因素。以料敵從寬的模型來看，假設中國傘兵都是菁英級的，可以控制在 1×1 平方公里的區域內空降 200 個傘兵，一梯次空降 5,000 人所需的區域是 5×5 平方公里（25 平方公里），5 公里大概是總統府到 101 大樓的直線距離。如果是把 5,000 人分成五梯次，每梯次 1,000 人，空降區域會約是 2.2×2.2 平方公里（5 平方公里），2.2 公里大概是總統府到大安森林公園的直線距離。不論是哪個計算結果，在台北市周邊很難找到面積如此大的「安全」空降區，因為若是降在市區，想必將有很多傘兵會掛在大樓上等待被俘虜。

另外，空降的運輸機高度不能太高、空降時速度不能太快，用機砲等武器就可以打下。俄羅斯 2022 年 2 月 24 日入侵烏克蘭時，同時也希望拿下烏克蘭首都基輔西北方 30 公里處、極具戰略位置的安托諾夫（Antonov）機場，以便後續送入大批空降部隊前往圍攻基輔。但烏軍出動機械化步兵與裝甲部隊發動反擊，從俄軍手中奪回機場。期間俄羅斯雖

然一度拿下機場,但未能持續控制至後續部隊到達,空降部隊也遭殲滅。

五 快打部隊乘直升機奇襲斬首?

中國直升機載著快速打擊部隊低空飛行躲過台灣雷達奇襲台北,造成一陣混亂後,台灣就棄械投降了?這樣的直升機快速打擊部隊斬首論一樣經不起簡易分析就可破除。首先,料敵從寬,假設 500 名中國快速打擊部隊,可以對有數萬守軍的台北地區造成混亂,如果一架中國直升機可以載 10 人,那這一波快速打擊需要的直升機數是:

500 名快速打擊部隊 ÷ 一架直升機載 10 人＝
50 架直升機

在戰備時期,50 架直升機這麼大且無隱形科技的機群,單靠飛行員的技巧飛在台灣雷達死角,低空飛個一小時不被發現幾乎不可能。即便飛行員真的飛行技巧高超,安然抵達台北上空,但接下來它們要降落在何處?台北地區可以一口氣讓大量直升機降落或是繩降的區域不多,而且台北高樓密度高,低空飛行的危險性高。

另一個相關的謠言是，中國直升機不必從本土起飛，可以從海上的直升機母艦，在離台灣 30 分鐘的航程起飛。但關鍵是能讓這些直升機起飛的幾萬噸兩棲突擊艦全長超過 230 公尺、寬 30 公尺以上，要能如何出現在離台灣 30 分鐘的航程內不被發現？

現實上，直升機的速度並不快，對防空系統來說是很好對付的目標，而火箭筒、刺針飛彈也可以摧毀高單價的直升機。直升機載快速打擊部隊奇襲幾乎可以看成是自殺式攻擊，而且對台灣的威脅性很低。

六 用民航機載兵突襲？

民航機上載武裝部隊降落突襲台灣機場的謠言看似很恐怖，但此種作法會犯國際大忌。首先，中國若是採取這種做法，未來國際間勢必會將中國的民航機均視為是軍機。也就是說，在戰爭狀態，對於中國來的飛機不論是民航機或是貨機，只要發現均可擊落。再則，桃園機場或松山機場都是國際機場，因此突襲進攻機場會造成平民死傷，也會波及國際旅客。將民航機武器化，會讓中國在國際間遭到強烈譴責。

而民航機上的武裝部隊可能僅是輕裝部隊，即便這支部隊是超強的特種部隊，但是該部隊後續進攻所需的彈藥等後

勤軍資若無法跟上，僅靠機上有限的物資，這支孤軍要能造成大型破壞的難度非常高。

七 無人機淹掉台灣防禦？

現代無人載具科技的發展日新月異，其應用之層面廣泛，無論是遙測、科學研究到農藥噴灑甚至生活娛樂，已進入社會的方方面面，現代軍事應用更是無人科技領域當前應用最多的領域。2022 年爆發的烏俄戰爭，交戰的雙方均開始大量使用無人載具科技。中國無人機癱瘓台灣防禦謠言則是早於烏俄戰爭，而對於這樣的謠言，則是可以透過空域狹窄、干擾反制等擊破。

在討論謠言之前，先簡述無人機的種類，有助後續討論的理解：

- **無人飛機**：這種無人機類型通常具有固定翼結構，類似傳統的飛機，能夠在空中進行長時間和長距離飛行。
- **無人直升機**：這類無人機擁有垂直起降的能力，類似直升機，適用於需要在有限空間進行操作的任務。
- **無人多旋翼機**：這種無人機具有多個旋翼，如四軸、六軸或八軸機型，具有靈活的飛行特性，通常用於低

空精細操作的任務。一般消費型無人機多屬此種,例如中國大疆無人機。

在規格方面,在大型戶外活動常見的消費型無人機,展開後的大小約是幾十公分,飛行距離約幾十公里。軍用的定翼型無人機則有十幾公尺到幾十公尺,例如常在台灣周邊進行偵蒐的中國 BZK-005 翼展(左右機翼翼尖之間的距離)則有 18 公尺、偵察攻擊型無人機 TB-001 為 20 公尺;而世界上第一種專為長時間進行高空偵察任務而設計的武裝無人機,美國死神無人機 MQ-9 翼展為 20 公尺,以上三種軍用無人機飛行距離均有數千公里。

空域狹窄 要以無人機作戰需要考慮空域限制,單靠地面或是空中預警機來控制千台無人機以 0.5 馬赫(音速的一半)在一定的範圍內飛行,極有可能會撞成一團。例如兩台無人機若飛得太近而相撞噴飛,考慮無人機的飛速,飛出的零件或碎片會以相當高的動能砸中附近的無人機,造成連鎖反應一口氣損失一堆無人機。因此,要以千台無人機癱瘓台灣的防禦,光作戰空域狹窄就很可能讓千台無人機成癱瘓機隊了。

干擾 無人機容易受到電磁波干擾,原理類似手機訊號受到干擾。例如以無線電頻率發送電磁雜訊,干擾無人機用的無線電和 GPS 訊號,切斷無人機與控制器間的連結通訊

來讓無人機墜落或失控。為了因應近年無人機在戰場使用越來越廣泛，美軍也積極研發反制無人機系統，例如「列奧尼達」（Leonidas）的新型微波武器原型，能發射一次電波擊落整群敵方無人機，同時還可以讓友軍無人機完好無損。因此，千台蜂群無人機要癱瘓台灣防禦，很可能是千隻飛蛾撲火。

雖然無人機癱瘓台灣防禦謠言的漏洞百出，但無人機確實在戰場扮演的角色越來越重，在烏俄戰爭也已展現。為了因應中國可能的無人機策略，美國五角大廈在 2023 年提出蜂群無人機發展藍圖，選擇多種載具型態，先進行原型製作，測試成功後可能會再開發多種衍生型，該計劃被稱為「複製機」（Replicator），預期在未來 18 至 24 個月內交付成千上萬個小型、便宜可承擔損失的無人機系統。因此，台灣也須盡快思考規劃相關的整體策略，才能跟上日新月異的軍事科技。

八 萬船載百萬軍隊攻台？

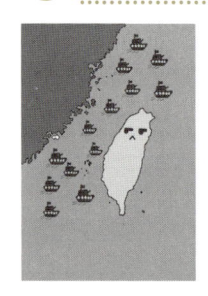

有些謠言專攻「數量」，例如中國人口多、兵多，只要萬船齊發就可以讓百萬中國軍隊登台，台灣無力抵抗。然而，這種說法的盲點在於「萬船齊發」合理嗎？由於裝載部隊的正規登陸艇沒那麼多，因此為了讓這

第二章　用小知識戳破中國軍事謠言

個謠言看起來更合理，會搭配中國政府還能徵召數千條漁船，全數載滿士兵在台灣海峽乘風破浪往台灣前進。且不說以漁船登陸灘際有其不合理性並難以操作，僅以數量來看，以下將以漁船的載重、體積、材料強度、天候海象、時間、漁船速度等面向破解這個謠言。

載重　一般來說，中國可能徵召的漁船是由海上民兵操作的較大型漁船，而中國戰車的重量是數十噸，因此只能運輸裝輕部隊和可攜型的武器裝備。

體積　假設漁船的載重約 10 噸，如果一名士兵搭裝備算 100 公斤，那漁船可以載的士兵數：

船 10 噸載重 ÷ 一名士兵 100 公斤 = 100 名士兵
一艘船載士兵 100 名 ×1 萬艘漁船 = 100 萬名士兵

這樣算起來，百萬中國軍隊登台看起來是有可能的。但是漁船的設計是以載「海鮮」來算的，與人員搭乘的環境不同，只有當中國的軍隊可以跟魚一樣一隻一隻疊起來裝箱，同時在台灣海峽乘風破浪後，登陸可以馬上活跳跳作戰，那萬船載百萬軍隊才有那麼一絲絲可能。因此，除了考慮載重，漁船能載的「體積」就是戳破此謠言的切入點。

船身材料　一般漁船並非軍事用途，因此漁船的船身材料無法抵擋機關槍或是火箭砲的攻擊。因此，需要以裝甲來

改裝漁船,然而裝上裝甲除了升級費用、改裝時間之外,裝甲的重量也會讓漁船的載重減少。

天候與海象　一年內台海只有兩個不連續的月份適合登陸作戰,分別為 3 月底到 4 月底和 9 月底到 10 月底。中國只能在這兩個時段內尋找合適的時間,條件可說是極為嚴苛。台灣海峽素有「黑水溝」之稱,如果在天候或海象不佳的時候航行,當士兵在數小時的航程中暈船吐到站不起來,登陸後更遑論進攻了。

登陸時機　對解放軍最理想的登陸潮汐條件為,登陸時遇到漲潮,登陸艇可以最靠近高點卸載士兵,卸載後遇到退潮,登陸艇可以盡快回去進行第二波運送。此時,離下個漲潮時間不能超過 8 小時,若間隔太久,只會徒增攻方損失。而以登陸時間來看的話,登陸艇在清晨 3 點至 4 點間登陸,這時天將亮未亮,守方戒備最低,攻方又不用開大探照燈。登陸艇在早上 6 點到 7 點間撤離,這時完全日出,登陸艇撤離時視覺狀況較佳,才不容易撞在一起或擱淺。經統計,一整年當中符合上述條件限制的日數很少且變數眾多,例如,適逢遭遇颱風。

漁船速度　一大堆漁船的船隊目標龐大,跑得又慢,約一小時 16 公里,而台灣火箭彈的最高射程 45 公里,因此當中國武裝漁船隊靠近陸地、慢慢要擠進漁港或登陸點時,21 世紀版的三國演義連環計很可能就會在台海上演。

此外,台灣海軍陸戰隊長年不定期研究台灣海灘的條件變化,用不同顏色分類海灘,以區分是否適合執行登陸作戰,紅色是最適合執行登陸作戰的海灘,黃色是合適度中等的海灘,綠色則是最不適合的海灘。台灣海灘的顏色標示,每年都會考量天候影響、侵蝕狀況還有其他人為因素等原因,而不斷改變。

如果是以二戰西方盟軍在歐洲西線戰場發起、史上最大規模的諾曼第登陸戰為例,從地理環境來看,英法之間的多佛海峽33公里,台灣海峽最窄處130公里,登陸地點諾曼第海灘約80公里長,台灣西部最長灘岸、曾標示為紅色海灘的加祿堂海灘,最寬也不超過5公里。以投放的軍力來看,盟軍一天內投放15萬兵力,登陸船7,000多艘。中國在登

	諾曼第登陸	中國侵台
距離	多佛海峽約33公里	台灣海峽最窄處130公里
海灘長度	諾曼第海灘約80公里長	加祿堂海灘約5公里 (台灣西部最長灘岸)
守備兵力	德軍兵力分散 喪失制空制海權	我軍兵力集中 掌握海空優勢
攻擊兵力	盟軍一天投送約15萬兵力 動員船隻登陸艇7,000多艘 戰車萬餘輛	推估共軍需要動員60萬兵力 船隻數萬艘

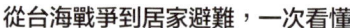

台戰估計需要 60 萬兵力，也許讀者可以試著粗估中國需要登陸船幾艘。

九 航空母艦直攻台灣東部？

早期航空母艦夾擊的謠言跟台灣東部淪陷謠言有關，也就是中國航空母艦最主要針對的是台灣東部的佳山基地。那航空母艦夾擊論的核心：中國航空母艦能力為何？根據公開資料，中國航空母艦遼寧號能搭載 25 架戰機殲 -15、山東號有 32 架殲 -15，預計 2025 年服役的福建號則是 36～40 架殲 -15。以下將分就彈跳器、預警機、燃料來討論：

彈跳器 航空母艦上的戰機並不是一次起飛，而是一架一架間隔起飛，因此起飛輔助裝置是艦載機起飛的關鍵。殲 -15 重量重，而且遼寧號、山東號沒有起飛彈射器，只能靠滑跳起飛，嚴格限制起飛重量。因此載油、掛彈受限，進而導致殲 -15 的航程、戰鬥力不足。倒是，根據媒體報導，預計 2025 年服役的福建號具有電磁彈跳器。

為固定翼飛機提供額外加速度的飛機彈跳器有蒸汽彈跳器和電磁彈跳器。蒸汽彈跳器是 20 世紀 50 年代初由英國海軍率先提出的方案，原理是將蒸汽壓力轉化為對飛機的推

力，透過把動力移轉到彈跳器軌道上的滑塊，讓飛機高速彈射出去。而電磁彈跳器則是利用強大電流通過線圈產生的磁場推動滑塊來幫艦載機加速，電磁彈跳器的相對優勢是安全可靠，加速過程更均勻，可彈射更重的大型飛機，但需要龐大的電力。電磁彈跳器 2010 年首次由美軍測試成功，2013 年安裝在福特級「核子動力」航空母艦。

預警機 因為雷達偵測範圍有其極限，預警機就是整套雷達系統放置在飛機上以擴大偵測範圍。由於遼寧號、山東號沒有起飛彈射器，無法讓固定翼的預警機起飛，只能用一般直升機型的預警機替代。相較之下，美軍航空母艦上的預警機有固定翼，滯空時間比較長，可以全天候執行任務。中國的預警機執行任務時間短，範圍相對窄。攻擊能力遠遠不如美軍。

燃料 目前中國的航空母艦都是柴油，因此需要跟運油艦，導致作戰範圍小。在台灣東岸遭遇台美日聯合打擊下，生存率極低。

除了上述的考慮條件，還需要考慮時間點「承平時」、「開戰前」、「戰爭中」。如果是承平時期，少量中國軍艦通過日本宮古海峽或是台灣南部的巴士海峽，例如演習規模的一艘航空母艦搭載少量艦載機，以及少量護衛艦，幾乎沒人會阻擋，但一般來說也會進行必要的監視和追蹤部署，因

此不太可能會有突襲的效果。

如果是開戰前的狀態，台灣的國軍會加強戒備周邊水道，中國軍艦出沒會被視為戰爭行動。俄羅斯集結兵力在邊境演習直接轉成進攻烏克蘭的例子，會讓包括台灣在內的周邊國家更加警惕中國的大規模軍事行動。若是戰爭中，敵軍軍艦靠近一定就是直接開打。

✚ 團團圍住，鎖死台灣？

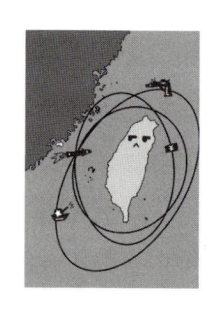

台灣小小的，中國派兵團團圍住、封鎖附近水域，台灣就完蛋了。真的是這樣嗎？

中國要完全封鎖台灣周邊水域不應該說是很難，而是非常難。因為中國入侵台灣，不單是台灣跟中國的事，台灣周邊發生戰爭，北邊的日本、韓國貿易會受影響，南邊菲律賓、印尼、越南等南中國海周邊國家也會受影響。

日本 時任日本防衛大臣岸信夫 2021 年 9 月在接受 CNN 專訪時，強調台灣對日本的重要性，日本 90% 能源是從台灣周邊進口，因此台灣有事會跟日本直接相關。日本最西部的島嶼，位於一連串日本領地的尾段，包含沖繩軍事中心、石垣島，以及與那國島。其中人口不到 2,000 人的與那國島，跟台灣相距僅 110 公里。

南中國海 台灣南邊的南中國海是世界上最重要的石

油、礦產及糧食航運通道之一，台灣周邊發生戰爭就會影響全球五分之一的貿易。這也是美國、歐洲，不斷警告中國不要攻擊台灣的原因之一。試想，光俄羅斯入侵烏克蘭就造成全世界糧食和能源危機，葉門叛軍「青年運動」（Houthi）騷擾占世界海運 15% 的紅海航道，造成國際航運大亂。若台灣附近水域也發生戰爭而封鎖，勢必再重創全球經濟與貨運體系。

台灣　台灣是世界的晶片製造大國，中國封鎖台灣等於封鎖全世界的晶片。全世界有超過 55% 的晶片代工由台積電提供服務。再加上台灣其他晶圓代工廠，台灣企業在全球的市占率是 66%。「電」器撐起現代人生活，小到電視遙控、手機，大到汽車、冰箱，都需要晶片控制。所以，封鎖台灣無疑會嚴重打擊全球晶片、電子供應鏈。

除此之外，要封鎖台灣就得一一登船檢查，看看裡面是不是有運給台灣的物資，一艘軍艦或海警船的執法班最多就十幾二十人，但就算一艘小型貨輪也有數百、上千個貨櫃，真的要嚴格封鎖，一定得大量消耗人力。而且如果真的查到了，還得把船扣押、收繳貨物，再帶回中國靠港處理，需要大量的作業時間。重點是經過台海的貨輪數量密密麻麻，中國海警的船艦數量大概只有 160 艘左右，完全不夠攔截。攔下一艘登船檢查時，旁邊可能就有一堆貨櫃船開過去。

封鎖是中國常見的對台威脅主張與策略。這對台灣不

僅僅是物質性的，同時也是心理威懾性的作為。封鎖通常不會立即發生瞬間毀滅的效果，而是透過施壓逐步破壞目標對象國的國計民生，造成社會不安、混亂、失序，甚至崩潰。這會是一個壓力升級的過程，而承受這類威脅的能力即是一種「韌性」的展現，這不僅僅是關於物理、心理與系統設計建構的冗餘空間與容錯能力的規劃，也是考驗後續復原的能力。

參 台灣怎樣撐、怎麼守

一 台灣目前的戰備人力規劃

當前台灣的守備力量，依照 2023 年的新制將之區分為四大區塊，分別為主戰部隊、守備部隊、民防系統、後備系統四大區塊。

台灣的常態性維持兵力約 19 萬人左右，其中陸軍員額 13 萬、海軍 3.9 萬、空軍 3.5 萬、憲兵 5,500 人左右，由這些志願役兵力構成主戰部隊，負擔大多數的戰鬥任務；義務役則是擔任「守備部隊」，負責國土守備、重要設施防護與協力民防等任務。

二 台灣的民防狀況

根據《民防法》、《全民防衛動員準備法》和《民防團

隊編組訓練演習服勤及支援軍事勤務辦法》，戰時台灣有4個民防系統組織應對相關災害，包含民防總隊、民防團、特種防護團、防護團／聯合防護團。

民防總隊 包含民防大隊、義勇警察大隊、交通義勇警察大隊、山地義勇警察隊等由警察單位管理的組織，由各縣市首長擔任指揮官。此外還有社會局、環保局、消防局的戰時災民收容救濟站、醫護大隊、環境保護大隊、工程搶修大隊與消防大隊等單位。

民防團 地方政府成員擔任民防團的消防班、救護班與管制中心成員，由鄉鎮市區長擔任團長。地方村、里長則是擔任分團長，其下的勤務組則由巡守隊、鄰長跟環保志工擔任。里長是民防系統中，民眾會直接接觸的人，但大部分的里長都沒有受過確實的戰災反應訓練。

特種防護團 負責保護鐵路、港口、電力、煉油等重要設施。特種防護團成員大多是該設施內部員工。

防護團／聯合防護團 超過100人的學校、團體、公司與工廠需設防護團。若人數未達100人，但在同一建築物或工業區內，應編組聯合防護團。防護團／聯合防護團成員大多是該單位組織內部員工。

在定位方面，民防總隊跟特種防護團的屬性是「機動派遣式」，民防團跟防護團則是「保護地方」。民防系統裡大多數成員是直接納編的社會局、衛生局、環保局與消防局的

專職人員，而民防總隊裡的義警大隊、義交大隊、民防大隊等，是由熱心民間人士擔任，由地方警察機關管理。

然而，雖然根據動員計畫統計人數達到四五十萬人之眾，但其中有許多部分淪為書面作業，與現實狀況有巨大落差。加上民防人力普遍年齡偏高、訓練不足、對當前新的威脅態勢缺乏認識，並且其組織性格較為封閉，公民加入門檻較高，因此屢遭國人物議。不過，近期相關單位提出民防人力改革的構想，例如賴清德總統於 2024 年 9 月 26 日召開全社會防衛韌性委員會，以民力訓練暨運用、戰略物資盤整暨維生配送、能源及關鍵基礎設施維運、社福醫療及避難設施整備，以及資通、運輸及金融網絡安全為主軸，強化台灣的國防、民生、災防、民主的韌性。此外，也有民間機構希望透過招募更多志願者及更新訓練內容，以培養在戰時的可靠民防力量。

對於一般人來說，面對戰災，除了政府架構中的民防系統，還可以從身邊開始著手準備避難、急救相關的物資與知識，以及建立堅強的心防強化存活的韌性。

第三章

已經開打的隱形戰爭：
灰色地帶作戰

世界上最重要石油、礦產及糧食航運通道之一的南中國海，已是「灰」影重重。

2024 年 5 月 19 日，菲律賓海軍陸戰隊在向南中國海仁愛暗沙（Second Thomas Shoal）的駐軍進行空投食物補給任務時，2 艘中國海警剛性充氣船突然出現搶奪食物包。近一個月後，菲律賓軍方出動 6 艘船隻向仁愛暗沙駐軍進行食物補給，再遇中國海警船。期間中國海警登上菲國船隻，拿著斧頭叫囂威嚇，另有人員故意刺穿菲律賓剛性充氣船。最後，菲律賓海軍特種作戰部隊的一名成員手指遭斷，另有 7 人受傷，剛性充氣船船員被中國扣押。

這兩起菲律賓與中國在爭議海域的事件並非偶發事件，而僅是長年多起衝突的其中兩起。在南中國海，中國逕自以九段線聲索大部分的水域主權，其聲索的水域跟菲律賓、越南、印尼等國的水域重疊。即便國際仲裁法院 2016 年裁決否定中國九段線聲索權利，中國置之不理，甚至在海上逐步升級騷擾的手段，從出動「海警船」追趕他國船隻，到以軍用雷射、水砲攻擊導致他國船員受傷，再到上述的搶奪補給物資、以刀具威脅並扣押船隻。

衝突的快速升級讓菲總統小馬可仕在以亞太國防議題為主的第 21 屆新加坡香格里拉對話（The Shangri-La Dialogue）公開聲明，如果菲律賓有人員在衝突中死亡，局勢就是跨過無法回頭的「開戰紅線」了。而菲律賓跟美國有

第三章　已經開打的隱形戰爭：灰色地帶作戰

《共同防禦條約》，條約規定如果任何一方受到第三方攻擊，雙方將互相支援。也就是，如果菲律賓有軍事人員死亡或是「武裝還擊」，美國並不會只是旁觀者。

綜合以上，中國對菲律賓採取的即是越過紅線前的「灰色地帶作戰」。問題是，中國為何頻頻進行此類騷擾？只是為了「騷擾」嗎？為何中國是出動「海警船」執行騷擾任務，而非海軍？台灣也正遭逢類似模式的騷擾嗎？

因此，接下來的章節將介紹中國對台灣與南中國海周邊國家「灰色地帶作戰」的各種手法與影響，最後分析中國在台灣金門水域的灰色手法與圖謀。

壹　什麼叫做「灰色地帶作戰」？

現代戰爭比我們想像要複雜得多，也更「灰色」，也就是所謂的「灰色地帶作戰」（gray zone conflict），其意思是某些國家（例如中國），透過綜合使用外交、軍事、經濟、資訊等手段來壓迫其他國家（如台灣）。

台灣並未想要侵略別人，但卻不得不承受來自中國灰色地帶的逼迫。當台灣稍微抵抗，就會被指責是在挑釁。事實上，這種「被侵略國不要挑釁」的說法，就是一種削弱被害者抵抗的經典手段。

中國長期以來對台灣使用灰色地帶作戰，且多數手段至

今仍在進行中。從衝突強度來看,「灰色地帶作戰」是中國對台灣可能發動的攻擊情境中相對較輕微的,但也因此,反而具有高度危險性。無論是一般民眾還是政府官員,可能因為灰色地帶作戰初期的衝突程度不大,而忽略潛在的風險。這些行為介於和平時期的民事糾紛與戰爭時期的軍事衝突之間,攻擊者刻意遊走於這種模糊區域,來挑戰既有規則和秩序的界線。

- 如果**被攻擊方**不夠警惕或未積極應對,**攻擊方**就會繼續施壓突破。
- 如果**被攻擊方**做出強烈回應並積極應對,**攻擊方**可能就會適時退回到原來的狀態或框架中。

這種策略不僅是試圖在兩國間創造對自己有利的「新常態」,也藉此消耗對手的資源、實力和耐力。這樣做的目的一方面是為了避免衝突失控,另一方面則是為了逐步削弱對手,是一種逐步吞噬對手的積極策略。將非軍事手段和資源「武器化」,正是這種做法的典型特徵,也是近年來對台灣最大的威脅之一。透過這些手段,中國不斷擴展影響力,對台灣的安全和穩定構成長期的挑戰。

接下來,我們將根據台灣的地緣環境,以及中國近年來在台海和南中國海的行動和意圖,進一步探討其在海空領域

的灰色地帶作戰模式，以及這些行為可能帶來的相關風險。這些行動不僅威脅著區域的和平與穩定，也對國際社會的秩序構成挑戰。因此，我們必須充分瞭解並積極應對這些來自灰色地帶的威脅，才能有效保護台灣的安全與利益。

一 海事衝突

台灣作為海洋國家，跟中國之間在地理上最顯著的鄰接區域是台灣海峽。這片海域不僅是雙方航運和貿易的重要通道，還涉及漁業、海洋資源和通訊等頻繁活動，因此，利益衝突引發的爭端是可預見的，也是典型的「海事衝突」。與此同時，這一海域也是區域與國際貿易的重要航道，台海周邊區域的衝突會影響國際航線的貿易。

針對這類源自海事糾紛的衝突，國際間本已有相關的海事規範和規則供雙方依循。然而，中國常以否認對方主權或管轄權，甚至進一步否認、忽視國際規則或仲裁結果為手段，強行以國內法律的地位介入或製造衝突，這已成為中國近年來對周邊國家發起衝突的主要策略和模式。

漁業／航運

中國不僅以製造漁業或是海上航行糾紛侵擾台灣，也逕自聲索南中國海與東海主權與製造糾紛侵擾周邊國家，並有逐步擴大衝突的態勢。例如，中國與日本在東海地區的尖閣

群島區域，以及漁業與海洋資源開發發生衝突；而在更具爭議且範圍更大的南中國海周邊區域部分，則跟包括越南、印尼與菲律賓在內等國發生衝突。南中國海占全球海上航運的三分之一，估計每年貿易額 5 兆美元。

中國對菲律賓的海事衝突近年來日趨激烈。多年來中國政府逕自在南中國海以「九段線」所圍的水域聲索該海域約 90% 區域的主權，中國單方面聲稱有主權的水域，跟菲律賓、越南、印尼等東南亞國家的水域重疊，因此時有糾紛發生。2014 年 3 月，菲律賓正式向荷蘭海牙國際仲裁法院提交備忘錄，以決定中國主張的九段線是否在《聯合國海洋法公約》下有法律依據。法院於 2016 年 7 月 12 日裁決，全面否定中國對南中國海海域「九段線」的主張，與填海造陸島礁主權聲索的權利，不過中國全程不參與仲裁過程、也不予承認仲裁結果。

菲中兩國在南中國海的爭議除了法律上的攻防，中國也在這個水域對菲律賓以灰色地帶作戰進行威逼與騷擾，甚至造成人員與財物損傷。例如，菲律賓 1999 年將二戰時期的登陸艦馬德雷山號（BRP Sierra Madre）擱淺在仁愛暗沙，並派駐一小群海軍陸戰隊，菲律賓政府僱傭的民用商船將食物、水、維修設備、藥品和其他設備，運送給居住在馬德雷山號的人員。中國則頻繁出動海警船攔截要向仁愛暗沙駐軍運送食物的菲律賓補給船，並對這些補給船發射水砲。菲律

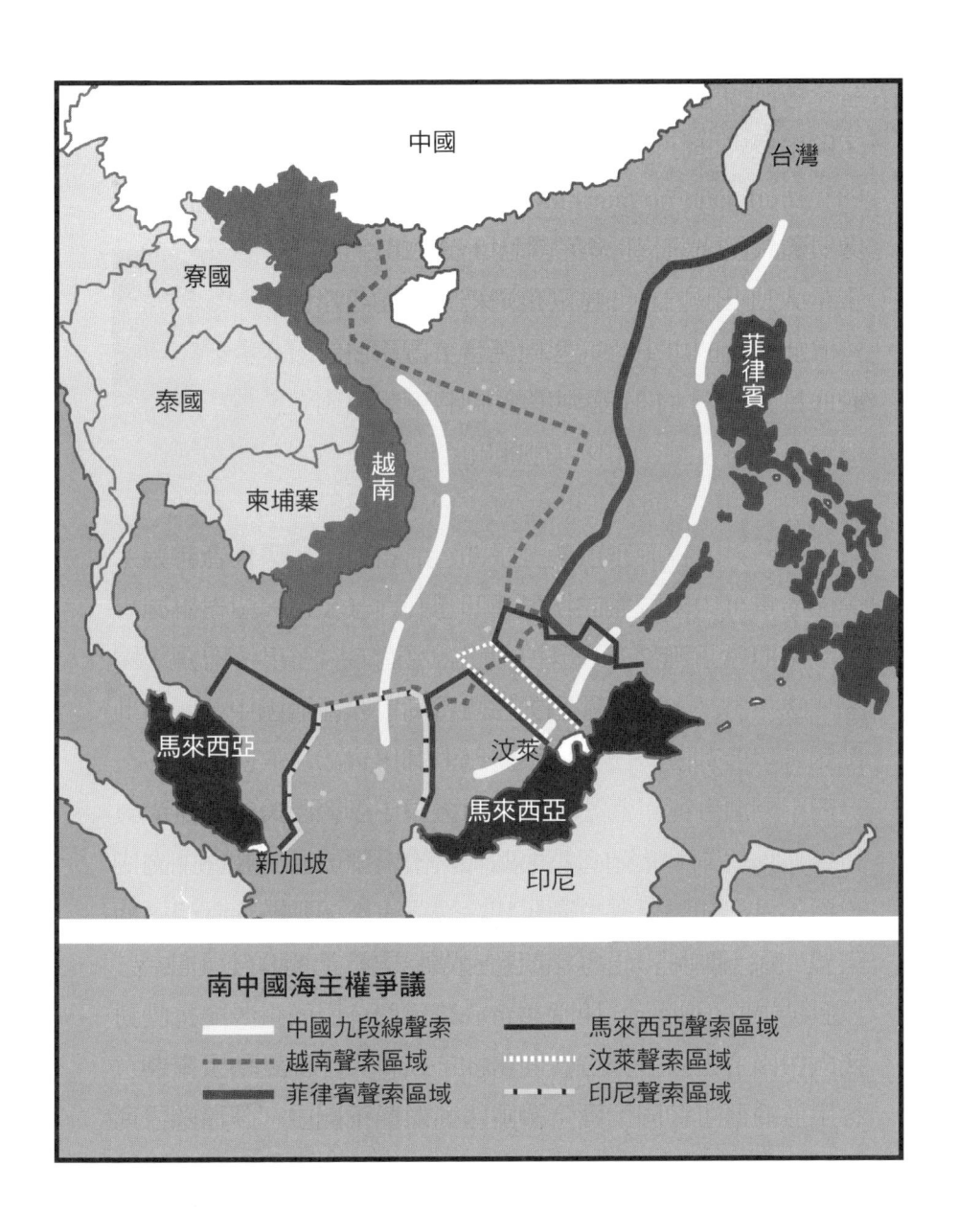

第三章　已經開打的隱形戰爭：灰色地帶作戰

南中國海主權爭議

- 中國九段線聲索
- 越南聲索區域
- 菲律賓聲索區域
- 馬來西亞聲索區域
- 汶萊聲索區域
- 印尼聲索區域

賓海岸防衛隊則在 2023 年開始以「透明化」應對中國的灰色地帶攻擊，將中國海警船發射水砲或是撞船的影片公諸於世。

對此，中國除了發動輿論與政治壓力，也升級灰色地帶作戰的強度。有別於過去，主要以水砲攻擊菲律賓補給船，中國海警船在 2024 年 4 月 30 日首度直接對菲律賓海岸防衛隊船隻發射高壓水砲，造成菲律賓船隻受損。值得注意的是，水砲並非唯一的「灰色武器」，高強度軍用雷射、設浮動屏障、危險追逐他國船隻，也是灰色手段之一。

此外，中國還將「漁民」武器化，作為灰色地帶作戰的工具。例如，2023 年 3 月 4 日，菲律賓海岸防衛隊表示，在中業島附近發現 42 艘由中國海上民兵人員駕駛的船隻，另外還有一艘中國海軍艦艇和海岸警衛隊船隻在周圍海域「緩慢遊蕩」。南沙群島鏈中的中業島是菲律賓在南中國海最大、最具戰略意義的前哨基地，因此中國此次的行為頗具挑釁意味。同年 11 月 13 日南中國海牛軛礁海域（Whitsun Reef），再有 111 艘中國民兵船湧入，到了 12 月 2 日已超過 135 艘，當時菲律賓曾向中國民兵船發出無線電警告，但沒有任何回應，只能派出兩艘巡邏船到附近海域監控。

在南中國海衝突之中，既有典型的軍事單位（如海軍），也有被稱為「第二海軍」的中國海警船。值得注意的是，這些突然聚集在某海域「緩慢遊蕩」的漁民或海上民兵，他們

不僅是單純的民間漁業人士受到政府編制組訓成為海上民兵，實際上，這些人可能本身即隸屬國營的海事或漁業公司，甚至是從退役之軍人、情報專家招募而來，本身就屬於中國軍事作戰體系的一環。也因為其備受爭議的特殊機制與身分，國際間將這種海上民兵稱為「小藍人」（little blue men）。小藍人無正式海軍或海事官員身分，也沒穿跟官方任務相關之服誌，卻積極配合進行官方行動。

這類「海上民兵」的任務往往是藉由海上衝突，特別是漁業或海事衝突，挑戰對象國的執法與主權，同時配合中國官方的主權聲索主張，伺機擴大衝突態勢。在政治目的方面，除重申中國主權或領土主張，同時還否認或重設既有國際規則與秩序現狀。

走私／抽砂

中國跟包含台灣在內的周邊臨海國家，有頻繁的經貿與海洋資源活動。因此，中國會運用發生糾紛衝突之際，以主權或管轄權作為介入糾紛的藉口，同時可能製造進一步的衝突，而走私和抽砂就是其中的糾紛類型，如越界進入台灣管轄海域抽砂、傾瀉汙染或廢棄物質，一旦遭到取締或裁罰，中國就會以否認主權或怠惰司法協助等作為因應，進一步惡化此類騷擾行為。

例如中國籍抽砂船華益9號，2022年4月侵入台灣經

濟海域，越界至澎湖七美嶼西南方的台灣淺灘非法盜取300公噸海砂，被台灣海巡人員查獲。根據海巡署統計資料，2017至2021年，共驅離中國抽砂船5,328次。其中，2017年2次、2018年73次、2019年605次，2020年則暴增到3,991次。為此，立法院在2023年12月18日三讀通過「中華民國專屬經濟海域及大陸礁層法第十八條條文修正草案」，未來違法抽砂所用船舶或設備，不問屬於犯罪行為人與否，皆可沒收。

此外，台灣的海上執法單位（如海巡署艦隻、人員）在對中國非法船隻進行執法時，還會遇到非常態的爭端。例如可疑的中國漁船「走私」台灣貨幣（而不是中國貨幣或美元等外幣），或者利用海上勞務契約的糾紛挑戰台灣的執法權，藉機進一步擴大爭議，甚至藉此鼓動勞權與人權爭議，企圖對台灣政治施壓。前述之可疑的非常規走私行為，還會配合台灣選舉的時機與政治議程。海上的超常違規違法行為，成為中國對台灣滲透、施壓甚至打擊的手段。「武器化」法律爭議，成為面對中國威脅極為嚴峻且微妙的挑戰，例如2024年海巡在金門查緝中國走私船的事件，以及後續政治效應，後面的章節將有詳細討論。

破壞海底電纜

台灣除了台澎本島，還擁有其他離島和實力支配的島

礁，這些地區跟台灣本土的通訊聯繫主要依賴海底電纜。因此一旦海底電纜中斷，不僅會對這些離島與台灣本土之間的聯繫，造成嚴重影響，還會影響跟全球網路的連結。

這些海底電纜近年來常因中國利用違法漁業活動而遭破壞，其工具則常是早被國際間禁用或管制使用的拖漁網，例如台馬第二海纜2023年10月上旬遭中國漁船勾斷。同年稍早的2月8日則是出現更嚴重的情況，台馬2號、3號兩條海纜同時斷掉，導致馬祖歷經長達50天的斷網。國安局長2024年5月1日曾表示，近年台馬海纜斷線約20次，非常不尋常。

即使這類的漁業活動在中國也屬違法或違規行為，但中國不但無視，甚至在被反應或抗議後依然冷處理。中國這類破壞行動一而再、再而三，這是否如中國所宣稱的「只是」漁民的單方行為？值得我們持續關注。

二 空中衝突

空中衝突是中國目前對台灣常用的灰色地帶衝突手段之一。台灣是海島國家，對外的交通聯繫除了航海，還依賴航空運輸。因此，確保空域的安全是台灣防衛的首要之一。為了對台灣施加壓力，中國除了可能進行軍事攻擊，還會透過施加空域壓力，試圖破壞現有的規則秩序，並形成中國想要的「新常態」，迫使台灣在政治議程上退讓、在防衛上退縮，

甚至喪失反應能力。

以下將以中國在空域施壓目的作為區分，分成兩類：「跨越中線／跨入防空識別區」與「無人機／禁航」。

跨越中線／跨入防空識別區

「海峽中線」這個名詞很常出現在中國軍機擾台的新聞中，但是它並非是國際法上的國界或領空概念。而是基於多年來台海兩岸分治互不統屬的事實，「海峽中線」成為雙方基於國際規則尊重和平現狀的「默契線」，雙方默認不派遣軍機或軍艦跨越中線進行軍事行動。

然而，自習近平進入第三任期後，在 2020 年 5 月正式打破這一長期默契，公開宣稱不存在「海峽中線」。隨後，中國軍機開始頻繁越過中線，進行挑釁性軍事行動，試圖對台灣施加軍事壓力、讓台灣軍方疲於奔命應對。此外，中國還藉由派遣技術情報、雷達預警和反潛等機種，同步蒐集戰場情報。

中國近年逐步增高派遣各式軍機進入台灣防空識別區（air defence identification zone，ADIZ，是為了國家安全和空防的需要而劃定的空域）進行施壓與騷擾的頻次。例如 2023 年中國軍機擾台有兩個相當突出的高峰，分別為時任總統蔡英文 3 月底 4 月初訪美之後，以及 9 月 17 日中國有 103 架次軍機擾台。

第三章　已經開打的隱形戰爭：灰色地帶作戰

　　9月17日正值白宮國家安全顧問蘇利文在馬爾他與中國外交部長王毅會談，蘇利文在會中「指出台海和平穩定的重要性」。而根據白宮與中國外交部個別的聲明，美中雙方於16日至17日進行了多輪「坦誠、實質性、建設性的」對談。另一值得注意的是，這天中國有40架次越過海峽中線，包括戰鬥機蘇愷-30、殲-10、殲-11、殲-16共36架次，加油機運油-20為2架次，預警機空警-500為2架次，這種架次量已具攻擊規模。

　　同年8月12日至18日，時任副總統賴清德訪美，雖然訪美行程後，中國軍機、軍艦擾台的次數相較於整個年度僅

空警-500 KJ-500_(cropped)（Alert5 ／ CC BY-SA 4.0）

・069・

台灣人的民防必修課： 從台海戰爭到居家避難，一次看懂　韌性篇

殲-10 Chengdu_J-10（Russian Ministry of Defence ∕ CC BY-SA 4.0）

殲-11（殲 11 J-11Bchel（來源：Mil.ru ∕版權：CC BY-SA 4.0）

第三章 已經開打的隱形戰爭：灰色地帶作戰

稍高並未特別突出。然而，副總統出訪期間，社群網路平台X出現惡意帳號刊登偽造文件，謊稱台灣巨額捐款給巴拉圭政府鞏固邦誼的假消息。19日則是超過40架次軍機擾台，21日突然宣布禁止台灣芒果進口，企圖以農逼政。22日在東海進行實彈演習，23日再宣布24日、25日欲在福建外海進行實彈演習。從副總統出訪的案例可知，中國除了軍事威逼，還搭配經濟脅迫與各種型態的資訊戰。

整體來說，中國近年來施加壓力的空域主要集中在台灣防空識別區的西南側。這片空域位於防空識別區的西南邊緣，靠近東沙群島，是進入南中國海的主要區域。未來，無論中國是對台灣發動攻擊，還是阻止美軍自菲律賓和關島方向進入南中國海，這裡都將成為主要接戰區域。此外，這片空域是東南亞通往東北亞的主要航道，平日各類航班頻繁；同時這裡也是中國意圖控制並打造排他性水域南中國海的重要門戶。中國在此施壓，不僅具有戰略威懾意義，還兼有控制國際航線和區域領域的意圖。

無人機／禁航

除了上述的利用傳統軍機進行軍事性活動形成威懾，近年來，對空域的空中衝突也衍生出多種新型態。其中，利用大型無人機試探台灣鄰接區域，甚至操作大型無人機環島飛航台灣海空域，既隱含有監視、偵查、情蒐軍事活動的可能

台灣人的民防必修課： 韌性篇
從台海戰爭到居家避難，一次看懂

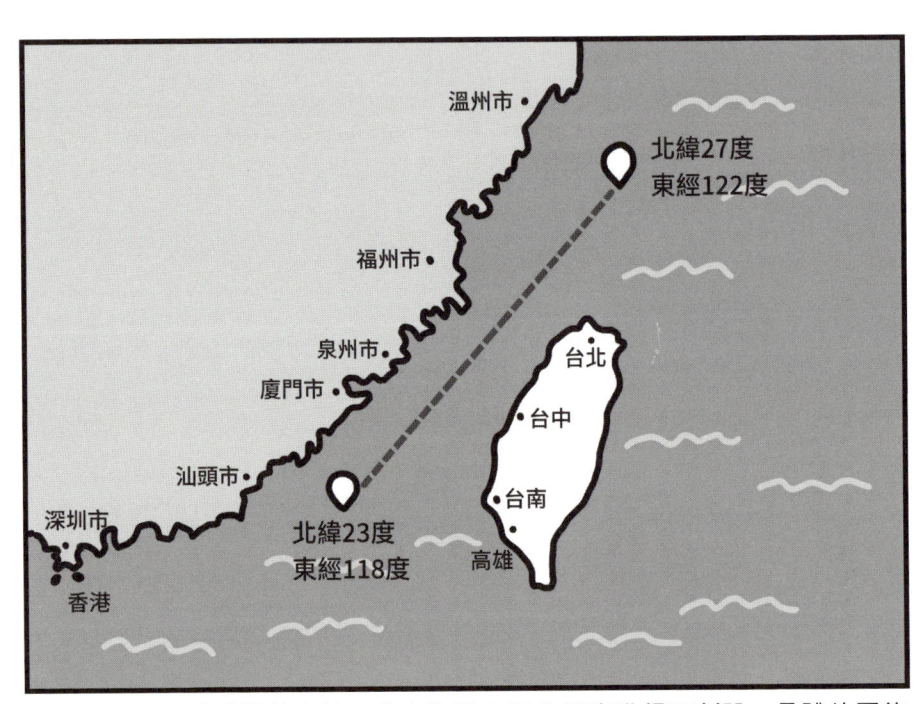

溫州市

北緯27度
東經122度

福州市

泉州市
廈門市

台北
台中
台南
高雄

汕頭市

北緯23度
東經118度

深圳市
香港

海峽中線是冷戰時期的產物，美方為遏止國共衝突升級而劃設，具體位置約莫為北緯 27 度、東經 122 度至北緯 23 度、東經 118 度兩點間的連線。

第三章　已經開打的隱形戰爭：灰色地帶作戰

性，也透過這樣的行動對台灣進行另類的心理威懾，對於台灣的民心士氣也有騷擾與施壓的作用。同時，由於無人機不同於載人戰機，無法以傳統的方式驅離，因此，這也考驗著台灣軍方的交戰法則與應對能力。

以中國偵察攻擊型無人機 TB-001 為例，它是現役最大型的無人機，機身長度 10 公尺翼展 20 公尺，因外觀也被稱為雙尾蠍。航程約 6,000 公里，滯空時間 35 小時，最多可掛載 24 枚火箭，可掛載不同型式的飛彈及雷射導引炸彈，因此除了偵查之用，也具攻擊性。

在行蹤方面，2023 年上半年，TB-001 除了 5 月底至 7 月中未曾現蹤台灣防空識別區，每隔 2 週至 4 週即會出現。

雙尾蠍無人機 TB-001（日本防衛省統合幕僚監部）

值得注意的是，在蔡英文總統出訪後的中國軍機擾台高峰期之中，TB-001 於 4 月 9 日至 11 日連續出現三日。下半年則略微改變出沒模式，約每隔 1 月密集出現兩次，直到 10 月又恢復至類似上半年的模式。此例證明，中國用無人機對台灣空域安全的威脅正在逐步擴大。

中國近年來的另一種作法，則是在民航班機與航空管制上施壓。其中一種主要模式是透過禁航，讓台灣政府與民間感到壓力。具體的做法是透過宣布軍演或武器試射，對台灣周邊空域進行非必要且超乎常情的禁航措施。例如在 2023 年 4 月 16 日至 18 日，在台灣北部空域實施禁航。此一無預警突然片面宣布的禁航區域，實際上影響到台灣對外飛航的安全與需求，國際航線航班也將有大規模影響，遭到國際抗議後，中國方面又單方面縮減為禁航 27 分鐘。這種型態的空中衝突亦是習近平上台後、特別是進入第三任期，日益好戰、擴張野心日益急切後，才出現的「新型態」。

此外，在民航管理上，亦有突然拒絕他國航班降落的迂迴作法來對台灣施壓。2019 年 2 月 9 日紐西蘭航空飛往上海 NZ289 班機，因為中方拒絕其降落而折返，官方說詞是因為技術性原因，中國監管單位沒有准許該架航班降落。然而，根據紐西蘭媒體《Stuff》指出，中國拒絕紐航降落是因為北京於 2018 年要求國際間各大航空業者更改台灣的名稱，但有單位「忘記」做這件事。因此，中國藉由拒絕紐西

蘭航空公司航班降落之作法來施壓，並以此打壓台灣。

這種將國際民航事務轉換為對台灣的打壓攻擊，實則為中國廣泛將各類事物「武器化」，作為有利其政治議程與攻勢的手段，也是近年來越來越常出現的「新型態」。

三 灰色地帶作戰如何能夠「有效」

不同於單純的軍事行動，灰色地帶作戰的決策和行動具有「可逆性」。傳統的軍事手段通常會迅速引發破壞，從而迅速升級衝突態勢，可能導致不可預測的風險和失控，也是前述提及的菲中衝突中，菲律賓總統小馬可仕說的越過「紅線」。灰色地帶作戰能更容易控制和暫停衝突的升級，甚至可以根據情勢和策略，將危急狀態退回到升級之前。這種策略能控制危機風險，並開創有利於己方的新局面，例如利用談判，重新進行新的折衝和進攻。這或許是中國喜愛採用這種模式的原因。

中國也不吝於交互運用各種型態的手段，甚至是跟整體的侵擾攻擊策略互相配合、布局與行動，也就是說，灰色地帶作戰要有效，還有賴於一些手段上的搭配。這些「搭配的手段」包含政治、經濟和資訊等行動。這些行動該如何進行與搭配，就是接下來最重要的主題：三戰。

中國對台灣採取了大量各式灰色地帶戰術，相較之下，

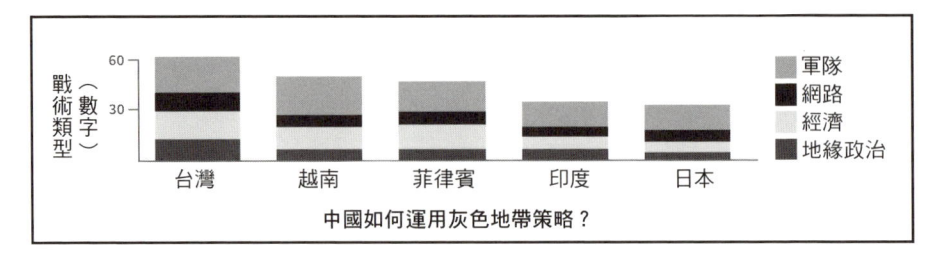

中國對印度和日本則比較謹慎。（圖／蘭德公司）[1]

貳　解放軍的「三戰」策略

　　如前所述，除了直接的軍事騷擾，中國會用政治、法律、經濟等手段，慢慢擠壓台灣的主權空間。例如中國軍機不斷跨越海峽中線、否定台灣的禁限制水域，同時禁止特定台灣農產品進口。政治、法律、經濟、資訊這四種領域彼此交織，形成一個灰色地帶戰場；中國透過這些領域中的各種大小事件，來對目標國家做出各種威逼和壓迫。

　　以中國大量「漁船」聚集菲律賓經濟水域一事為例。2021年2月，220艘中國船隻被發現聚集在巴拉望島（Palawan Island）以西，約320公里的牛軛礁（Whitsun

---

1　Bonny Lin, Cristina L. Garafola, Bruce McClintock, Jonah Blank, Jeffrey W. Hornung, Karen Schwindt, Jennifer D. P. Moroney, Paul Orner, Dennis Borrman, Sarah W. Denton, et al., "A New Framework for Understanding and Countering China's Gray Zone Tactics", RAND, Mar 30, 2022.

Reef）一帶的菲律賓經濟水域內長達數個星期，期間菲律賓每日派出戰機巡查以防出現突發事態。當中國在做這種事情的時候，菲律賓民眾看到己方船隻受攻擊的影片一定會有反應，兩國的情勢也會因此劍拔弩張，但這是中國不樂見的狀況，所以中國會以「漁船」進行任務。這個例子中，中國宣稱該船隊是漁船，為了躲避惡劣天氣而聚集在該海域。

除了用「漁船」進行侵擾以保留轉圜空間，中國也會期望菲律賓內部不要出現群情激憤的情緒，最好不在意這個議題。因此，如果菲律賓的媒體沒有報導，菲律賓人民沒有反應，中國就能以類似的手段在該水域持續推進，逼菲律賓政府後退。

此時，灰色地帶侵擾即必須要搭配輿論的帶動，也就是需要移轉菲律賓人民的注意力。例如要受害國的媒體或民眾關注哪一個明星要來開演唱會？到底政府是不是有貪腐的現象？那人民就不會注意到中國蠶食自家水域主權一事。與此同時，也會透過釋放一些假消息混淆視聽，譬如說是因為菲律賓挑釁中國船隻，中國對此做出的反制措施。

一 菲律賓版「九二共識」

中國對菲律賓國內的輿論操作還包含將非正式的協商討論內容，逕自升級成兩國共識。中國駐馬尼拉大使館2024年5月初公布一份未經雙方共同證實的秘密錄音檔，宣稱菲

中兩國已就仁愛暗沙採取「新模式」非正式協議。中國使館的內容宣稱是在 2016 年 10 月杜特蒂訪問北京期間，就南中國海有爭議島礁的使用權，跟中國達成不成文協議。根據這項「臨時特別安排」，雙方同意允許在島嶼周圍進行小規模捕魚作業，但將限制軍隊、海岸警衛隊和其他官方飛機和船隻，進入 12 海哩領海界限。

與此同時，中國駐馬尼拉大使館也向特定的菲律賓媒體公布一筆錄音紀錄檔，內容是當年 1 月時，菲律賓武裝部隊西部軍區（WESCOM）司令卡羅斯（Alberto Carlos）中將，和一名未知的中國官員之間的通話內容，討論涉及仁愛暗沙的緊張局勢管理。

接著中國外交部再根據使館放出的資料表示，透過外交管道多輪討論後，達成一項旨在控制仁愛暗沙緊張局勢的單一協議，「新模式」已經得到菲律賓指揮系統所有主要官員的批准。

菲律賓國防部長出面澄清，只有總統與外交部協商後，才能就西菲律賓海（菲律賓對南中國海的稱呼）相關事務達成具有約束力的協議。菲律賓外交部也跟著做出說明，只有菲律賓總統才能批准或授權菲律賓政府，就西菲律賓海和南中國海事務簽訂協議。就菲律賓政府而言，並不存在中國大使館聲稱的此類文件、記錄或協議。

中國所謂的「新模式」協議最大疑點是，為何不是中

菲雙方共同召開記者會宣布此事?最有可能的情況是,為了緩解仁愛暗沙周圍緊張局勢的「非正式討論」,被中國刻意解釋為具有約束力的協議,接著再奠基於這個似是而非的協議,在菲律賓國內發展各種敘事,推進有利於中國的政治議程。

緊跟著菲律賓版「九二共識」後面的是,中國公布「海警局第 3 號令」,將自 2024 年 6 月 15 日起實施依據 2021 年「海警法」制定的「海警機構行政執法程序規定」,中國海警機構在其認定的管轄海域,可登檢扣押涉嫌違反其出入境管理規定的外國籍船舶與人員。

中國此政策增加菲律賓漁民出海的心理壓力,尤其是那些在爭議水域附近謀生的漁民。未來中國還可以據此拘留菲律賓漁民,迫使菲律賓在海上爭端中讓步,類似中國過去曾對其他國家的公民使用過這種人質外交。例如華為副董事長兼財務長孟晚舟 2018 年 12 月在溫哥華被捕,開啟引渡美國流程後,加拿大商人史佩弗就在中國遼寧省以涉嫌竊取國家機密被拘留,加拿大前外交官康明凱(Michael Kovrig)也遭逮捕。

從這些例子可以略知,輿論戰(或稱認知作戰)的重要性。簡單來說,中國要在菲律賓內部的資訊世界先做一些手腳,再做軍事上的侵擾。兩相搭配之下,軍事侵擾的成功機率才會提高。

這就是灰色地帶作戰可怕的地方。我們必須不斷地防範中國在軍事、政治、經濟、網路上等作為。

不過，光是知道中國會在這四個領域侵擾，不足以瞭解中國怎麼進攻；這就好像我知道攻擊者會攻擊我的頭部和腹部，但他會用槍、用手，還是用棍棒，我並不知道。簡單來說，我不能只知道對方要攻擊哪裡，我還得知道他「怎麼」攻擊，他的「手段」是什麼。這個手段才是我們理解的核心，俗稱：

三戰：輿論戰、法律戰、心戰。

在中國軍隊登陸，甚至在飛彈打過來之前，三戰就是中國最主要進攻的手段。無論是在軍事、政治、經濟或網路上，「三戰」是我們要瞭解對手前，最需要學習的事物。

二 金門查緝走私船事件

2024 年 2 月的金門查緝走私船事件即是一個綜合準軍事、經濟與網路的行動，此事件為何會在台灣引起軒然大波，其中即包含中國施壓台灣的三個要素：

第三章　已經開打的隱形戰爭：灰色地帶作戰

- 讓海巡感到害怕
- 讓人民產生懷疑
- 讓法律產生擴張

此即對應所謂的三戰。

海洋委員會海巡署 CP-1051 艇於 2024 年 2 月 14 日在金門海域取締中籍漁船越界過程，發生翻覆事故，造成兩名中國人死亡引發爭議。該船屬三無船舶（即無船名、無船舶證書、無船籍港登記），對台灣在該水域航路安全及漁民權益影響甚鉅。這個案例其實是一個中國執行灰色地帶作戰的好案例。但值得注意的是，船隻翻覆事件通常不是有辦法直接製造的事件。

所有的灰色地帶作戰要啟動的那一個當下需要一個誘發點，也就是需要一個事件。這個事件發生之後，就可以啟動整個作戰標準流程。所以事件本身是偶發的（也可以是故意製造的），但一旦事件發生，就是可以來操作的時候。所以金門取締中國越界船隻事件發生後的當下，中國 2 月 14 日當天馬上推出輿論戰：

2/14

中國國台辦發言人朱鳳蓮說：反觀台灣方面，一段時間以來，民進黨當局以各種藉口強力查扣大陸漁

船,以粗暴和危險的方式對待大陸漁民,這是導致這起惡性事件發生的主要原因。

中國的官媒、合作的微博帳號、台灣的在地協力者、紅媒,全部跟進使用「粗暴和危險」這個中國官方定調。當很多新聞跟進報導時,導致部分民眾對此事件的第一個認知是「粗暴和危險、不重視對方生命」。

這就是非常典型的輿論戰。中國要確保在一開始,不管是中國的國內還是台灣的國內,在輿論上都倒向中國這一方。等到輿論倒向中國之後,中國便可執行法律戰:

2/17
國台辦:海峽兩岸同屬一個中國,台灣是中國領土不可分割的一部分;兩岸漁民自古以來在廈金海域傳統漁場作業,根本不存在所謂「禁止、限制水域」一說。

「不存在限制水域」的說法,直接否定了台灣宣稱水域的權力與範圍,此即法律戰。透過不承認台灣的水域主權,否定台灣的法律框架與範圍。這種擴張執法的權力是法律戰非常重要的一環,中國最終的目的是彰顯台灣所有的事情都是他管。而台灣所有的事情都在中國的管轄範圍之內即為內

國法化,因為中國最終目的,就是要讓台灣是中國的一部分成為事實。

因為會馬上造成反彈,所以中國不會一次性做到位,而是採取步步進逼:

2/19
金門「金廈遊輪」遭中國海警強制登船臨檢,讓不少乘客受到驚嚇。

雖然海巡署指出金廈遊輪的航行是中間偏向中國,但中國海警船登船檢查的新聞一出仍造成中國執法已擴張到台灣水域的印象,進而想在台灣社會中創造出無禁制水域的圖像。

再更進一步,法律戰有個非常重要的要件就是對方也承認,也就是說,如果在中國出招之後,台灣毫無舉措就表示默認。當中國海警船在台灣水域內登船檢查,而台灣無作為,中國下次會再執行類似的事,進而創造出台灣默認中國海警船登船執法檢查台灣船隻一事。

接下來是要求台灣政府道歉,亦即,逼時任海洋委員會主委管碧玲道歉。然而,海委會主委並未落入陷阱,導致中國設想的發展劇本在此處卡住。因此,中國再回到輿論戰,偽造海委會主委的對話內容,例如「兩個中國漁民該死什

麼」等等之類的假消息，企圖讓台灣社會對海委會主委有負面觀感，同時創造出「台灣是不是自己也有錯」的觀感。如果這個招式奏效的話，前述的法律戰又可以持續進行。

除了偽造海委會主委對話，中國還定調此事為「惡性撞船事件」。在2月27日之前，「惡性」字眼並未出現在台灣的媒體，惡性撞船這幾個字也沒有出現在中國的媒體。但是中國官方確認使用「惡性撞船」後，社群媒體開始鋪天蓋地使用一模一樣的用語。部分台灣媒體也開始跟進使用。最值得注意的是，當時正值立法院開議期間，內政委員會在29日的業務報告題目也使用「惡性撞船」一詞；海委會馬上發出嚴正聲明，不接受不符合事件事實的用語。

簡單來講，從社群媒體、新聞一直到立法院的討論，全都直接用中國定調的用語，而中國的目的就是繼續主導這個輿論，刻意塑造這是一個台灣政府惡意製造的事件，不是單純的意外。

回顧上述的「一步一步」，中國第一步先用輿論戰否定當時的事實，接下來用法律戰擴張中國訴求的範圍。然後用另一個輿論戰抹黑，接著再用法律戰進一步擴張自己的企圖。根據研究指出，包含香港、南中國海議題在內，輿論戰、法律戰的交替運用通常會反覆幾次。以金門事件來看，如果要求台灣中央政府道歉未獲預期效果，中國還有其他相應招數「地方包圍中央」，透過觀光或是產業合作的誘因拉攏縣

市政府首長,以讓地方獲得「經濟利益」來施壓中央,對其所圖的政治目標讓步。

附帶一提,在金門查緝走私船事件發展期間的政治氛圍,也會對第一線海巡人員造成執勤時的壓力。此即三戰中的心戰,心戰最主要是針對軍人與政府人員,形成心理上的優勢。例如讓我們對軍事、經濟等威逼感到害怕,以達不戰而勝的效果。由於這跟民防較無關係,在此不深入分析。

整體而言,在事件發生的當下,中國立即在輿論定調「粗暴、危險」,並且開始宣稱不承認金門的禁止與限制水域;接下來就開始擴張中國的管轄權,登船臨檢觀光船隻,試圖製造「新常態」,並同時發布偽造的海委會對話截圖,試圖削弱任何抵抗的正當性;透過新的「惡性撞船」語詞,進一步怪罪台灣政府,且釋出要「道歉」、「訊問海巡人員」的消息,試圖給我方執法人員壓力,透過台灣媒體的呼應形成新的輿論,最後進一步否定海峽中線的存在,步步進逼,鬆動台灣的管轄權。

綜上,從中國的三戰策略架構來看,法律戰是建立中國進攻台灣的法律框架。例如未來訂定台灣基本法、國家統一法,或修正反分裂法,規定台灣為中國的內部事務;利用反間諜法,對台灣人民做出威脅;在國際上用國際規則孤立台灣,弱化台灣管轄權,又或者試圖推廣和平協議、未來扶植傀儡政權等。另外,地方農產契作的協定、發放居住證等

等民生話題，也一樣能造成法律戰的效果。這些中國的法律戰，目的在於擴張權力，蠶食台灣的治權；透過各種和民生有關的協定，讓台灣對中國產生依賴性。

至於輿論戰，則是導引台灣內部的輿論走向，例如改變台灣人民對中國或美國的想法。這也是與人民日常最息息相關的部分，其目的是讓台灣社會產生動盪，降低人民對政府、媒體或專業的信任度，進而懷疑民主制度。

一般而言，心戰的對象是軍人與政府，法律戰是挑戰台灣的法律框架。輿論戰的攻擊目標則是一般人民，因此一般台灣民眾需要特別注意的，當然是中國的輿論戰。

我們可以想像這樣一直進逼下去，台灣主權會退到哪裡？哪天如果煽動縣市獨立回歸中國，我們又該怎麼辦？接下來的篇幅將更進一步分析中國「輿論戰」的手法。

第四章

中國對台輿論戰

台灣人的民防必修課：
從台海戰爭到居家避難，一次看懂

韌性篇

壹 「輿論戰」的發動

在烏俄戰爭爆發前，俄羅斯花費了大量精力來影響烏克蘭內部和國際的輿論。相比於一顆飛彈的預算，收買名嘴、網紅甚至政治人物來操縱輿論的成本相對較低。對中國而言，影響台灣的輿論同樣是一筆划算的買賣。因此，無論是在戰爭爆發前，還是中國想要不戰而勝，導引和滲透台灣輿論都是其核心任務之一。

至於中國要怎麼影響台灣的輿論？可以分成三個部分來理解：第一個部分是，中國是哪些部門在從事對台灣的輿論戰？第二，中國是使用什麼手法影響台灣的輿論？第三，中國是針對台灣哪一些人在發動輿論戰？

唯有對這些事情有基礎的認識，我們才能夠面對隨之而來的輿論戰爭。

一 輿論戰的組織與代理人

空戰：內容農場、假帳號、IG、抖音、Line 群、網紅、駭客等。

陸戰：教會、宮廟、黑道、地下電台、免費旅遊團、地方鄰里長、民意代表等。

中國對台輿論戰的組織

在討論空戰、陸戰的手法之前，先來認識中國執行輿論戰的部門，包含國安部、解放軍的戰略資源部、中宣部、統戰部、國台辦、共青團等等組織。

這些組織的業務有所重疊，但還是有一些專長與領域的差異，條列如下：

國安部：間諜行動、駭客、滲透黑道
統戰部：統合各種領域資源進行全方位滲透
中宣部、國台辦：意識宣傳、滲透台商
解放軍：駭客、情報、滲透政經軍事圈
共青團：滲透年輕人

國安部

　　國家安全部是中國的主要情報機構，負責國內外的間諜活動和反間諜工作，包括蒐集和分析情報，監視潛在威脅，以及處理特務案件，針對他國之各種國家情資進行諜報工作，例如政府、軍事、經濟和科技部門相關機密資料。他們的活動遍布全球，據估計，中國國安部在全球各國部署的間諜人數有數萬人之譜，其中大多偽裝成新聞工作者、學者、商人，甚至是流亡異議人士，形成龐大的情報網絡[2]。

　　中國國安部涉入的領域也包含網路間諜行動。2024 年 3 月 25 日，美、英兩國指控中國發動全面性網路間諜行動，透過中國國安部旗下的駭客組織「先進持續性威脅 31」（Advanced Persistent Threat 31, APT31），鎖定白宮工作人員、美國參議員、英國國會議員，以及世界各地批評中國的政府官員、學者、記者、國防承包商、鋼鐵、能源和服飾企業進行攻擊。

　　中國國安部系統中，對台灣最主要也是駭客攻擊，攻擊目標有台灣的健保、戶籍與監理處的資料庫，另外也會與台灣的地方黑道對口。

2　寇健文，「中國大陸對臺工作組織體系與人事」，大陸委員會委託研究，2019 年 3 月。

第四章　中國對台輿論戰

統戰部

中國在涉及對台工作的各個行政部門，都設置有專門的對台工作單位。有的是機關部門內正式編制單位，如外交部香港澳門台灣事務司、商務部台港澳司。有的台辦並非機關部門內的正式編制單位，僅是機關內的掛牌單位，即隱身在各部門內部的某一「廳」、「司」、「局」之內，通常僅是部門裡的處級單位。

除了武力威脅，中國對台工作還有一個重要手段就是統戰。統戰，簡單說就是「統一戰線」，它的目標是團結所有能團結的力量，把負面的因素變成正面的，來達成設定的政治目的。因此，中國統戰工作方方面面，包含政治、經濟、社會、文化等不同運作領域，每一個面向都有專門的策略和手段。

具體來說，中國透過中國人民政治協商會議（政協）和中共中央統一戰線工作部（中央統戰部）來進行統戰工作。中央統戰部的第三局（港澳台、海外聯絡局）專門負責對台工作，任務包括聯繫香港、澳門和海外的相關團體及代表，對台灣人前往中國定居提出政策建議，並負責中華海外聯誼會，同時協調與指示各黨派、全國工商聯和其他統戰系統有關團體的對台和海外統戰任務。

整體而言，統戰部對台的任務層面相當廣，基本上包含一些可以想像得到的交流協會都是統戰部的線，再來有很多

人會領統戰部的錢去做統戰相關事宜,尤其是旅行社、低價旅行團以及宮廟。

中宣部、國台辦

對台工作中的宣傳層面有「中台辦」(中共中央台灣工作辦公室,為黨組織),中台辦設有宣傳局負責對台宣傳工作,其中這個宣傳局也是「國台辦」(國務院台灣事務辦公室,屬政府組織)的新聞局。中國的對台宣傳工作是由「中台辦」主管,其下的宣傳局負責組織與協調相關業務。

「中台辦」和「國台辦」就是所謂的「一個機構,兩塊招牌」。

不過,上述的「中台辦」在業務上仍受中共中央宣傳部(簡稱中宣部,為黨組織)指導和檢查。中宣部是主管對中

國內部意識形態宣傳工作,並負責指揮新聞、廣播、電視及文化等相關單位,國務院下的中國社會科學院、文化與旅遊部,還有官媒新華社及人民日報都屬中宣部管轄。

相對於中宣部負責對內宣傳工作,外宣辦則負責涉及外國事務時的協調工作。對外宣傳的主要對象是外國人,而「三胞」台胞、港澳胞跟僑胞也屬外宣部。換句話說,中國認為對內的宣傳並不適用於外人,因此在宣傳方面需要內外有別。

整體而言,中國的對台宣傳工作是「中台辦」的宣傳局主責,中宣部對業務進行指導,在議題涉及外國事務時,需要跟外宣部協調。

國台辦系統最主要與台商有關,台商的創業群組內也會出現許多假資訊,與統戰部建立的群組相同,這些在地假資訊會造成認知偏誤,讓閱聽者在理解事情上產生偏差。例如美中貿易戰期間,中國甚至丟出美國經濟很慘、犯罪率很高的相關新聞,企圖一步步洗腦,讓閱聽者認為美國在美中貿易戰中節節敗退,但這與事實不符。

在國台辦這條攻擊台灣輿論的線路中,最為棘手的是製造假新聞的系統,相關組織會自己經營內容農場網站,並把這些假新聞丟到臉書社團、政治人物的後援會中。另外,國台辦也在馬來西亞等其他海外國家,與經營中介式內容農場的單位合作,這些中介式內容農場同時會經營台灣的臉書粉

絲專頁與社團,將國台辦的假新聞改寫後,與國台辦同步把資訊發布到臉書粉專與社團。

解放軍

中國軍方涉及對台工作主要的單位有中央軍委聯合參謀部的情報局、政治工作部的聯絡局,以及網路空間部隊、信息支援部隊。

中央軍委聯合參謀部情報局第一處及第六處的工作直接涉及台灣。一般認為,第一處主要是情報蒐集及策劃諜報行動。第六處則負責包含台灣在內的東亞情報分析。

中央軍委政治工作部聯絡局過去主要負責蒐集台灣政治情報、策反台灣國軍、審問被俘者。不過在兩岸開放交流後,也開始負責以不同身分接觸在台灣有政經影響力者,也常以洽商為理由進入台灣。

網路空間部隊原屬中央軍委戰略支援部隊。戰略支援部隊是中國 2015 年 12 月 31 日成立的軍種,主要任務為支援戰場作戰,其中解放軍把網路、電子和心理戰視為資訊戰的重要領域,而其下的第六局專門負責對台情蒐,包括衛星偵照、電訊截聽,並利用國際電話、行動電話、網路數據截收情資。然而,2024 年 4 月 19 日,中國成立**信息支援部隊**直屬中共中央軍委,同時將戰略支援部隊撤銷番號解散,並更改軍事航天部隊、網路空間部隊、聯勤保障部隊的隸屬關

係，將這三支部隊以及信息支援部隊平列為獨立兵種，但目前尚不清楚信息支援部隊和疑似負責網路作戰的網路空間部隊之間的分工。

由於中國內部政治資訊不甚透明，從已解散的戰略支援部隊過去所被賦予的任務，可以發現心理認知層面也是該部隊極為重視的領域。戰略支援部隊對台灣攻擊的網軍會主動帶議題，企圖擾亂台灣社會秩序。另外還有一種水軍，他們來自解放軍退休將領投資的中國行銷公司，這些外包的行銷公司會直接承接軍方的案子攻擊台灣，也就是所謂的「五毛」（指網路上象徵性諷刺每發一則貼文「能賺五毛錢」的中國網軍，廣義的五毛包含自備乾糧的五毛「自乾五」、小粉紅、洋五毛等），他們大多活躍於批踢踢（PTT）與臉書。

該部隊所屬單位「中國人民解放軍311基地」是執行「法律戰、輿論戰及心理戰」的主要單位，2011年後被指定為所有心理戰任務的焦點，包括協助轉播海峽之聲廣播電台節目等，執行輿論與心戰等工作。2016年後則從原隸屬之總政治部轉隸戰略支援部隊。

因此，推測2024年4月重新編制後的網路空間部隊可能較偏向技術，以過去網路駭客部隊為主幹核心。信息支援部隊的任務可能包含心戰、輿情、網路審查、反駭客等，例如可能也包含前述的311基地。

共青團

共青團的全稱為中國共產主義青年團，顧名思義，它是中共的青年群眾組織，也作為中共的人才儲備庫。其中跟台灣有相關的單位是共青團統戰部（共青團中央統一戰線工作部）下設的台灣工作處，負責對台灣青年的統戰工作，包含統籌規劃對台灣青少年交流，聯繫台灣青年代表人士，承擔中央機關、直屬單位和全國性青少年團體對台灣青少年交流的任務管理工作。

共青團經常透過中華全國學生聯合會、中華全國青年聯合會進行兩岸青年交流。例如 2006 年共青團與國民黨青年團在北京合辦「第一屆兩岸青年論壇」、2010 年共青團福建省委、福建中醫藥大學、福建省台灣同胞聯誼會聯合主辦「2010 年海峽兩岸青年聯歡節‧中醫藥傳統文化研習營」。

中國對台輿論戰在共青團這條線路中，還會指揮帝吧（百度貼吧的論壇）等網友到臉書或 YouTube 等處瘋狂灌留言，又被稱為帝吧出征。例如 2016 年帝吧出征事件，中國網軍翻牆出來到蔡英文總統等政治人物與部分台灣媒體的臉書粉專大量留言洗版，但由於中國網軍長期在網路長城內，對台灣政治現狀不甚明瞭，出現有迷途羔羊出征錯臉書，或者被誤導到其他人臉書的情況。

代理人與媒介

整體而言,中國對台輿論戰組織的差別在於專業領域,需注意:許多中國部門是在網路上放陰謀論或假消息,但也有些部門是專門在實體世界放陰謀論或假消息。統戰部就是一個好例子。比如說,被統戰部接觸的里長,在地方活動上宣傳與中國簽和平協議的好處,或者舉辦招待地方鄉親的中國旅遊活動,宣傳中國對台優惠政策。被統戰部接觸的政治人物,散播對民主制度不信任的說法,推廣與中國簽訂各種政治協議與經濟上的契約,這些都是經典的輿論戰。

統戰部在台灣接觸非常多人,這些人都很有機會變成協助中國輿論戰的幫凶;當然,也有不少人,即使跟中國有大量的接觸,也不願意為虎作倀。黑道、宮廟等組織,即使在交流活動中被中國要求,也未必會做出叛國的行為。因此,政府需要讓人民知道的是,到底哪些人風險比較高,哪些人風險比較低,這樣才會有應對依據。以下我們以宮廟為例,解釋其風險高低的狀況。

二 文化與宮廟宗教統戰:媽祖信仰的工具化

中國的統戰策略歷經演變,現階段主要針對台灣人民的輿論任務是強調「兩岸一家親」。這個口號其實經歷過幾次變化,從最早的族群認同,到文化認同,再到制度認同。族群認同只能針對特定的一部分人,所以中國逐漸把重點轉向

文化認同和制度認同；「兩岸一家親」更偏向文化認同，而「一國兩制」則偏向制度認同。

中國統戰部在宗教方面投入很多資源，試圖透過文化認同來影響台灣。清華大學社會學所的古明君教授提出「信仰工具化」的概念[3]，強調宗教在中國統戰中的重要性，並解釋如何將宗教工具化來實現統戰目標。例如，「媽祖文化」已經成為中國的統戰工具，也被寫入「國家十三五規劃綱要」，賦予其推動祖國統一的政治任務。中國透過媽祖交流的名義，接觸台灣最基層的群體，一些封閉性社團可能因此成為中國假訊息的傳播管道，達到分化台灣社會的效果。

對中國而言，媽祖是用來進攻台灣輿論的文化工具；但對台灣人來說，則是一種信仰。所以，當台灣的信仰被工具化時，台灣人民的輿論和心理防線就可能出現漏洞。

當中國透過宗教工具化來滲透台灣，台灣的宮廟會形成兩種極端。第一種是小型且資金不足的宮廟，其管理委員會較封閉，可能在少數人的運作下轉向，但由於封閉性且宮廟的影響力不大，要透過

---

[3] 古明君，「作為中共發揮海外影響力工具的媽祖文化」，中國大陸研究，62(4)，103-132。DOI：10.30389/MCS.201912_62(4).0004，2019年。

這樣的策略對台灣社會進行大規模滲透,需要花更多時間成本。

相較之下,資金充裕的宮廟更容易被接觸,因為其管理委員會比較開放。雖然這些宮廟的影響力比較大,不過支持這些宮廟的是大量的「信眾」而非信徒,一味地想改變信眾的想法,可能會賠掉宮廟的聲譽。因此,其間的中國影響力也會受到信眾壓力的牽制。

簡單來說,要真正影響宮廟的運作,還是得從管理結構內部著手。財團法人制類型的宮廟較民主,中國滲透很難直接影響全部決策。另一方面,大型宮廟常會有政治人物參與運作,雖然管理上是以較開放的財團法人制和管理委員會為主,但這兩種相對的影響力道可能會抵消。此外,台灣的信仰非常多元,中國想要透過資金全方面滲透並不容易。

即便如此,宮廟被滲透的現象仍然很常見,但它並非最終目的,而是手段之一。中國先掌握各種在地協力者,例如台商、統派、政黨、里長等,再讓他們利用宮廟來擴大影響力與擴張既有勢力。在這種滲透模式之下,**宮廟的滲透不是結果,而是原因或條件。**

例如,觀察親中政黨或地方政治人物的經歷與人脈網路,可以看到很多紅色宮廟的主委,除了在中國有利益,本身很可能就是統派,而且主事者往往有超過 20 年的紅色背景。當這類宮廟信眾世代交替時,立場便會轉變;這些在地

人是本來就傾向紅統，而非滲透變成紅統。總之，中國的滲透策略是透過在地協力者，藉由宮廟這個場域或管道，把影響力慢慢滲透到台灣的社會和政治中。

另一方面，台灣的都市化讓宮廟滲透的問題更複雜。以前，年輕人會留在家鄉工作並參與宮廟運作，但如今多數年輕人都離開家鄉，導致宮廟運作管理逐漸高齡化。留在當地的年輕人，若被吸引進入黑道組織，特別是親中的幫派，比如竹聯幫系統，就會成為新的親中勢力，扎根當地後，開始在宮廟運作中展現影響力。

隨著中國加速統戰，這些年輕人也會受到利益驅使，自然會推動宮廟朝親中方向發展。這種現象並不令人意外，因為宮廟滲透的根本原因不在於宮廟本身，而是背後的黑道勢力在操控。未來，這種模式可能成為主要的統戰手法。

中國透過黑道組織、台商、政治人物和里長等統戰團體作為在地協力者，透過宮廟作為在地掩護，以資金、商業等利益交換誘因，協助中國在台灣推廣親中思想。為了因應這種統戰模式，需要代理人相關法制，其精神是透過登記、申報制度，公開揭露境外勢力代理人之必要資訊，明示其作為與境外勢力的關聯，期以透明公開的方式，讓民眾瞭解代理人的作為、宣傳及言行的可能目的與利害關係。

讓這些手法像中國千人計畫[4]一樣,經由曝光就失去效果,自然就沒有私下利益交換的空間,也能防止宮廟再度被汙名化。

　　考慮到台灣宮廟眾多,中國想砸大錢大範圍滲透宮廟不是一筆小數目;特別是,越傳統、越古老的宮廟,越難單純用錢收買,總結原因有三:

1. 宮廟管委會依照法規需以民主方式進行選舉與運作,若單一委員的想法偏離傳統太多,其他委員不會接受,因此就算主委親中,也很難單靠一人服眾,任期一到,他的親中作為也不會被繼任者延續。
2. 傳統的老廟通常有著深厚的在地連結,老廟擁有的社會資本與人脈關係很難被一、兩位遭收買的宮廟委員全面滲透。另一方面,如果主委任內讓宮廟的形象過度親中,很可能無法連任。
3. 民代通常也會兼任宮廟職務,能申請政府補助、處理宗教事務、打通兩岸交流環節,所以收買主委和信眾,不

---

4 「千人計畫」是中國自 2008 年開始招收海外優秀學者、技術人員的計畫,是中國大大小小 200 多個招收人才的計畫當中較大的一個。在美國有參與計畫的研究員陸續被揭露出有間諜嫌疑,其目的是為了竊取智慧財產。

如直接收買在地的民代？但有著古老傳統的宮廟有固定的祭儀，不可能突然讓政治人物完全牽著鼻子走。

要認定這種滲透行為目前的嚴重程度，需要掌握到案例的對口與中間人的運作方式，否則很難直接認定是否為滲透行為。再則，滲透要發揮影響力還需要有其他因素與事件共同作用。例如，根據台灣講義的研究，「建廟」這個事件是一個比較特殊的破口。由於老廟的歷史資本雄厚，不論是滲透管委會或直接給錢，效果可能都不佳。因此，建新廟就是一個破口事件，特別是迎合年輕世代需求的廟，或是以新的神明來吸引當地年輕人。此外，中國還能透過建新廟把錢洗過來台灣為統戰提供資金，其間操作的組織可能是幫派、地方勢力、地下錢莊等。

有這樣的理解之後，來看看現況，就會比較明朗。2019年10月新聞曾報導，統促黨黨員、支持者於30多間宮廟主事[5]。如上述，大多數宮廟的管理委員會系統具有防禦力，真正需要留意的是那些以蓋廟作為掩護的空殼廟宇，以及積極來台舉辦兩岸宗教交流的新宮廟，既沒有深厚信仰底蘊，也沒有地方仕紳參與的傳統，比較像是掛羊頭賣狗肉。但這

---

5 林俊宏、黃揚明，「白狼自稱中共同路人 統促黨滲透30宮廟爆染紅危機」，鏡週刊，2019年10月27日。

類宮廟往往可以占據媒體聲量,導致「宮廟就是會被滲透」的刻板印象,透過媒體散布在社會大眾定型。

綜上所述,涉及統戰的宮廟通常是整個經營層早已被滲透,更可能是在地信眾過度傾中,透過兩岸經商和交往完全倒向中國。因此,如果不清楚中國如何將宗教工具化滲透台灣宮廟,這種情況只會越來越糟糕。長期下來,會弱化維繫台灣地方基礎的傳統民俗,對台灣民主的在地化造成極大破壞。**真正應該注意的滲透對象,反而應該是里長、立法委員、議員、議員助理、黑道組織、教授等。**

也因此,在沒有證據之前,重點應該是要認知這些不同的團體、個人,與中國接觸的密度、風險等等,藉由適當的法制盤點並予以約束,而不是貿然地扣上他人中共代理人的帽子。

一代一線:青年與基層統戰

如果將視角從宮廟擴展到整個基層組織,會對輿論戰有更全面的理解。近年的選舉結果顯示,在新興的住宅區、商業區和重劃區中,傳統組織如村里長、宮廟、地方樁腳的影響力正在減弱。這些地區的居民通常更年輕,教育程度較高,甚至是從外地遷入,傳統的地方勢力對這個族群影響不大,與社會連結的方式也不同於當地傳統的結構。因此,要有效防範中國的統戰,我們需要先瞭解每個地區的社會生

態，這樣才能知道不同地區的地方勢力，在面對中國統戰時會有什麼樣的反應和影響。

中國拉攏在地協力者的策略上常利用經濟利益作為誘餌，讓基層組織或個人先嘗到甜頭，再要求他們協助中國進行輿論戰。這些被利用的人可能在政治上對國家有高度認同，但因為經濟利益的束縛，變得身不由己。與其說這些人是幫凶，不如說更像是被綁架的人質。這種方式使得許多原本並不傾中的基層人士，逐漸被拉入中國的輿論戰之中。他們可能被迫參與一些政治活動，散布有利於中國的言論，甚至在地方選舉中為親中候選人助選。

很多人可能認為中國的統戰部與傳統的輿論戰無關，但實際情況是，統戰部接觸的個人或組織，往往成為散布中國資訊的溫床。統戰手段包括滲透、設局、引導、控制、提供優惠等，這些都是典型的統戰手法。中國的統戰手段多樣且隱秘，通過各種手段滲透和影響不同層面。被中國統戰部接觸的人，有時甚至在自己不知情的情況下，成為散布不實訊息的「節點」。

過去中國對台統戰主要是契作、讓利、補貼等等，讓台灣人熟悉並依賴中國市場，所以中國會說他們對台的統戰目標是「三中一青」（中小企業、中南部、中低收入和青年）。然而，自 2014 年太陽花運動和 2016 年中國軍改後，中國開始擴大戰術到所謂的「一代一線」。所謂「一代」是指年輕

一代,包括教師、學生和各種專業人才,「一線」是指基層一線,包括里長、幫派、宗教團體和退休團體等。中國利用這些目標族群的特質,進行鬆動、引導和影響,製造對自己有利的局面。

在馬政府執政時期,中國已經跟許多地方親中人物建立了關係和互動。但在318太陽花運動後,中國更有興趣接觸台灣的年輕人、新生代,甚至是民進黨和第三勢力小黨的地方政治人物。此外,在地方政治的脈絡下,台灣的地方政治人物或樁腳、選民接受招待出遊,特別是前往中國旅遊,或與中國派出的人員交流,往往是不分黨派。因此,即便是民進黨籍的村里長,也有可能參加統戰交流團前往中國旅遊。

例如,2015年8月,共青團福建省委成立台灣青年創業服務中心,推動「101台灣青年創業扶持計劃」,為前往福建創業的台灣青年提供諮詢和培訓。2017年的第九屆海峽論壇,福建山亞海峽兩岸青年創業孵化中心與高雄市青年創業育成中心簽署《兩岸創業發展合作協議》,搭建兩岸青年交流、創業的新平台。2017年11月,湖北省台辦、湖北省團委與台灣的鄂台青年交流合作協會合作推動「台灣青年大學生湖北實習計劃」,讓台灣大學生赴中實習與交流。2018年6月,全國青聯、中華青年交流協會、中華民國青年創業協會總會主辦,福建省團委、福建省台辦、福建省青聯、福建海峽青年論壇促進會等承辦的「海峽青年論壇」,

共有兩岸和港澳 600 多位青年參加，主題是「兩岸青年新時代的使命與擔當」。

陸委會也曾指出，中國對台灣青年統戰有短、中、長期目標。短期為「說好中國故事」，試圖營造和平美好形象；中期為「吸引台青赴中」，讓台灣青年把中國視為職涯首選；長期為「改變國家認同」，達到促融促統之效。不過，中國在統戰策略上採取「軟硬兼施」和「差別待遇」的手法。軟的方面是透過「惠台措施」吸引台灣青年前往就學就業，也舉辦各種創新創意的科研大賽創造交流，如兩岸青年創業大賽和兩岸工業機器人競賽等；但也採取強硬手段，透過「反間諜法」進行片面裁量，企圖製造寒蟬效應，讓民眾順從中國統治。

2024 年總統與國會大選前夕，部分台北市里長遭指積極邀約里民組中國旅遊團接受落地招待，被質疑是統戰及介選。北檢也掌握情資積極偵辦，其中有里長邀約里民組團到中國山東、江蘇等地旅遊，6 天 5 夜只需新台幣 1 萬至 1 萬 5,000 元不等，行程還直接寫著「人大常委安排參訪工廠」、「上將主辦」。此外，媒體也報導指出，台北市 456 名里長中，光是選前一年的時間，已有近 3 成、100 多人以私人組團形式，邀約里民到中國接受落地招待，幕後出資者就是中國統戰單位。

中國的統戰工作會讓接觸的人感覺被重視和榮耀，這讓

受惠者往往會有「見面三分情」、「拿人手短、吃人嘴軟」的心情，進而為中國的不當行為辯解。另一方面，如果有利益受威脅，這些人可能不得不遵從中國的意志，散播對台灣不利的言論。**因此，重點不是他們帶去中國的人會不會變成親中，而是這些地方仕紳，跟中國接觸久了，無形之中被綁住了，最後成為統戰的工具。比如說藝人，在中國發展久了，最後漸漸也變成統戰的一部分，也開始散布中國想要的輿論。這種現象，無疑是「溫水煮青蛙」。**

雖然很難說參加這些活動就一定會被統戰或被中國吸收，大多數村里長可能還是依照自己的政治立場投票和動員。換句話說，落地招待或旅遊的效果，還是需要放在地方選舉的脈絡中去理解。有時，比起帶選民或樁腳去旅遊大費周章統戰，選舉中的影響力可能還不如一則在地方群組或社團流傳的「假訊息」新聞。

更恐怖的是，越被中國統戰的對象，越容易受到中國政府的制裁。因為這些目標跟中國接觸較多，反而在中國需要逮捕對象時變成目標，比如說學術交流、研究地質，與中國企業交流被說是從事間諜活動，往返邊境被說成是為外國刺探國家秘密、在微信討論民主被說成是顛覆國家政權等，被統戰的人反而更容易陷入法律上的危險，不可不慎；因為對統戰工作來說，沒有永遠的朋友，因此需謹慎此類活動，勿落入統戰陷阱。

貳 輿論戰的手法

很多人會以為輿論戰就是散播假消息，但其實不是。要帶動輿論，通常不需要假消息，而是需要陰謀論。

然而，中國要怎麼做到讓特定的陰謀論只在特定的族群裡傳？首先，社群媒體的同溫層效應，只會讓消息在特定的群組裡傳；另外，統戰在實體世界傳遞的消息，通常也只散播在特定的生活群體，這些都是中國十分嫻熟的手法。這也是為什麼，「揭露」中國所傳遞的陰謀論，讓它進入大眾的討論，反而才是破解的方法。

例如，中國曾經發動 20,000 個臉書帳號，在台灣散播空氣汙染的訊息。台灣當然有空氣汙染，所以中國並不是在發動假消息，但是用 20,000 個帳號在台灣散播空氣汙染的訊息一個月後，就會讓台灣人民覺得空氣汙染是當前最重要的問題，最後只要說政府都沒有在做事，陰謀論的效果就已經達成。又，中國時常大力放送「台灣政府好像有弊案」，但又提不出什麼證據，這也是典型的陰謀論鋪陳手法。

唯恐天下不亂：疫情陰謀論

台灣在 COVID-19 期間也是假訊息和錯誤訊息的重災區。疫情爆發之時，中國透過 YouTube 散播陰謀論，稱台灣政府為了讓疫苗廠商賺錢，故意讓人民生病。驚人的是，這

些陰謀論的觸及次數竟高達4,000萬次，台灣人口也才2,300多萬。很明顯的，這些假資訊的目的，就是要對我們社會造成壓力，誘發人們對政府和官員的不信任感，進而創造社會混亂的溫床。

要瞭解COVID-19相關假訊息在台灣的影響，首先要弄清這些訊息的傳播方式及背後原因。在2021年5月疫情爆發至該年底這段期間，境外假訊息入侵台灣也變得比以往更加明顯，有超過700個在阿爾及利亞、柬埔寨、俄羅斯和中國註冊的Facebook假帳號和多個YouTube頻道，協同宣傳中國的疫苗以及特定的虛假敘事[6]。值得注意的是，這些帳號在此之前通常發一些疫情無關的貼文，也就是所謂的「保持休眠狀態」。

例如，台灣事實查核中心當時澄清過以下這則假訊息[7]：

> 比爾・蓋茨呼籲撤回所有Covid-19疫苗；"疫苗比任何人想像的都要危險"
> 在一項令人震驚的聲明中，億萬富翁微軟聯合創始

---

6 沈伯洋，2022年，「台灣面臨COVID-19疫情：不實訊息的新變種」，美國國際民主協會（National Democratic Institute），2022年5月。
7 【錯誤】網傳「比爾・蓋茨承認自己的錯誤，呼籲撤回所有的疫苗」？，台灣事實查核中心，2021年10月5日。

人兼COVID-19疫苗背後的主要力量比爾蓋茲呼籲立即將所有基於COVID-19的基因疫苗撤出市場。在經常痛苦的19分鐘電視講話中，蓋茲說：「我們犯了一個可怕的錯誤。我們想保護人們免受危險病毒的侵害。但事實證明，這種病毒比我們想像的要危險得多。而且疫苗比任何人想像的都要危險得多。」

事實是，比爾蓋茲多次在社群平台貼文中表達支持施打COVID-19疫苗，並提倡疫苗公平分配。如上述，這類疫苗假消息的傳播不僅加強疫苗懷疑論，也會加劇人心惶惶的社會氣氛，散布無助感，不利於抗疫。

整體而言，這些大規模且有組織的假訊息活動從時機、一致性、持久性、延遲性、隱藏性、可信度和可用性來看，不僅對台灣的整體防禦構成了重大挑戰，對全世界其他國家也是。因此在疫情之時，打擊跟COVID-19相關的假資訊也是各國政府的當務之急。錯誤和虛假的資訊不僅會降低疫苗施打率，還會傳播無效甚至危險的治療方法，惡化社會和政治緊張局勢。

關於中國散播疫苗陰謀論的手法，沈伯洋在研究報告〈台灣面臨COVID-19疫情：不實訊息的新變種〉中分析整理以下幾個特徵：

1. **外包化** 中國的對外宣傳主要是透過外包的方式來進行。他們會把資訊作戰委託給位於東南亞的一些組織。這種外包化（outsourcing of information operations）的模式使得他們能夠更靈活地進行輿論操控。透過分析中國官方媒體以外的資訊可以識別這些外包鏈，其中潛在的外包對象包括專門企業、駭客、大學、國營企業和網紅等。這些團體串聯形成中國輿論戰的生態系統。在這個生態系中，不同角色的團體協作形成了一個有組織的、全面的資訊作戰系統。
2. **製造分裂** 這些被外包的帳號和頻道，會用台灣的語言和語氣，甚至是假裝成關心政治的當地居民。散播的內容不一定是在宣傳中國，而是為了在台灣社會中製造混亂、不信任和分裂，透過這些虛假的資訊來挑撥離間，讓台灣人對政府和彼此產生懷疑。
3. **拓展操作空間** 中國透過跟那些表面上看起來跟中國無關的國內外團體合作，能某種程度掩飾操作的痕跡，接觸到那些不信任中國官方資訊的人，進而拓展操作空間。也因此，對於致力於打擊中國資訊作戰的單位來說，外包化是一個獨特的新挑戰。
4. **擴大網路效應** Facebook 的假帳號和 YouTube 頻道在疫情之時是台灣散播疫情相關不實訊息的主要管道。背後的操控者會合作，彼此傳遞訊息，配合中國媒體的報

導。由此可知,透過多平台、多媒體操作模式的特性,能進一步擴大網路效應。
5. **固定的規律** 外包組織在社群平台上操作的議題、發表與散布陰謀論的規律都是固定的。
6. **國際與中國內部因素** 台灣的國內事件並不一定是預測中國會不會進行資訊作戰的關鍵因素,中國的國內和國際局勢環境也是很重要的參考指標。有些看起來像是攻擊台灣的外國資訊作戰(foreign information operations),其實際上目標可能是中國國內的民眾。國際政治環境的變化和其他因素,有時更有可能影響中國資訊作戰的運作方式和目標。

台灣面臨的假資訊挑戰來自國內外,雖說我們有時會低估或高估外國來源的影響力。不過,以頻率來看,這種外部干預非常常見。台灣長期以來是假資訊的攻擊目標,所幸台灣擁有先進的公民技術社群,在政府的支持下有效率反擊虛假敘事。只是,揭穿假資訊雖然迅速,但面對長期累積、來源各異、排山倒海的陰謀論攻擊卻顯得無能為力。

陰謀論的目的是「創造恐慌、懷疑專業和媒體」,並「挑撥」社會內部的憤怒,以及「轉移焦點」,進而在台灣社會「製造分裂」。單靠開記者會指責中國製造假消息並不足以解決問題,反而有可能事與願違,造成反效果。因此需要直

球對決,以事實來對抗陰謀論,認清問題並徹底解決,這樣中國就無法在該議題上持續軟土深掘。

對一般民眾來說,陰謀論的終結者是「討論」,透過越多討論,陰謀論的效果就會越不明顯。識別來源不明的陰謀論,以良好且非暴力的方式溝通,能有助於減緩陰謀論對社會的負面影響。特別是在戰時,非暴力溝通是維持社會穩定的重要「武器」。

陰謀論的高速公路:抖音 Tiktok

如果問題只出現在 Facebook 和 YouTube,情況還算簡單,因為我們可以在這些平台上「回報問題」,就有可能得以解決。但如果我們用的是中國的平台,比如抖音(國際版是 TikTok,以下主要以抖音為主),問題就大了。只要台灣人繼續使用這些平台,我們幾乎無法抵擋中國在這些平台上的訊息操作。也就是說,中國可以決定我們看到什麼資訊。

看抖音一開始最大的風險是個資被蒐集。從下載 APP 開始,抖音 APP 就會開始抓你的照片、定位,蒐集一段時間之後,它就會知道你的喜好、常去的地方、什麼時候在滑手機。例如,抖音透過個資蒐集,知道你喜歡算命,之

後就會常常推送算命的廣告或社團推薦給你。平常可能覺得只是好玩，一點問題都沒有，但關鍵的時刻，再把一些陰謀論或假資訊內容送到閱聽者面前，它的目的就達到了。

蒐集使用者個資做商業運用是多數社群平台的盈利工具，也包含 Facebook 和 YouTube。但抖音是個特殊的 APP，它是中國政府可以控制的平台。抖音以及國際版的 TikTok 均為中國北京字節跳動所屬，而跟中國許多公司一樣，字節跳動受政府與中共管理，內部也設置黨委。此外，中國在 2017 年頒布《網絡安全法》要求企業將選定的數據儲存在中國，同時賦權政府可以在自由裁量權下檢查此類數據。在國家收集到的訊息方面，中國的法律經常使用較模糊的語言，讓政府有廣泛獲取資訊的權力。

多年來，抖音一直承諾有關美國用戶的數據會存在美國，而不是母公司字節跳動所在的中國。但根據 80 多個外流的抖音內部會議錄音檔，字節跳動的中國員工多次查閱有關美國抖音用戶的非公開數據。根據錄音檔，美國工作人員沒有權限或不知道如何自行查閱數據；抖音一位信任與安全部門的成員，在 2021 年 9 月的一次會議上說：「在中國，什麼都可以看得到。」

抖音高層曾在 2021 年 10 月的美國參議院聽證會上宣誓作證，稱美國團隊決定誰可以查閱美國用戶的數據，但 8 名不同員工的 9 份說詞中，描述了美國員工不得不求助於中國

同事才能確定美國用戶數據的流動方式。簡而言之，中國政府在有需要時，可以要求抖音母公司字節跳動提供用戶各種個資，包含中國境外的用戶。

因此，美國政府一直很擔心中國政府會透過監視美國人以及蒐集個資，進而影響國家安全。美國從總統川普任期就已開始試圖限制抖音在美國的影響力，一直到了 2024 年 4 月 20 日，美國眾議院通過「TikTok 剝離法案」，23 日參議院便通過該法案。隔日，美國總統拜登即簽署法案，該法案要求：若字節跳動未能在接下來 9 個月到一年內出售在美資產，將禁止抖音在美使用。除了美國，目前許多民主國家都發現抖音有國安及資安上的風險，紛紛禁止公務機關或公務員使用，台灣也禁止政府官員在公務機上使用抖音。

中國除了是一個不講究法治的極權國家，不會保護使用者的隱私安全，更不用說，中國是一個長期對台灣有敵意、宣稱要攻打台灣的國家，如果今天中國對台發動戰爭，中國想要讓假消息第一時間出現在台灣人的眼前，只要改變電腦的演算法就好了。

參 輿論戰的進攻對象與效果

1. 平常比較不關心政治的人
2. 對於現實不滿的人

3. 沒有資源的區域和對象

陰謀論的散播在輿論戰裡面十分重要。而陰謀論要產生效果，通常就是特定一群人在傳的時候；越多人討論，陰謀論反而越站不住腳。

因此，我們必須要認知：只有特定一群人在傳陰謀論的時候，效果最好，威力最強，也是敵人最想要達到的狀態。以台灣的現況來說，「一群人」可以是一萬人，也可以是五十萬人左右，但通常不會超過一百萬人。

一 輿論戰的目標對象

一般來說，中國瞄準的族群是對政治冷感、討厭政治的人，這並不是因為他們容易受到影響，而是較常關心政治或者是政治傾向鮮明的族群，對中國的觀感多數已定，不需要中國多費心思。

根據台灣民主實驗室 2024 年 3 月的研究報告，中國對台灣的境外資訊操作越來越常用陰謀論，透過以「敘事」來建構「認知偏見」的操作模式，會讓議題或事件本身的事實更難被澄清，讓政治傾向對立的兩方越難「討論」，進而增加社會對話成本。

例如，研究報告指出，對台灣民主現況不滿、對台灣選舉制度不信任的人，更容易接受如「台灣司法不公正」、「台

灣政府縱容詐騙犯」、「台灣政府給國民爛疫苗毒雞蛋」、「執政黨貪腐嚴重」、「民進黨跟共產黨一樣台灣沒有言論自由」、「政府是最大假訊息來源」等內政敘事。這些敘事的趨勢跟疑美論相似，例如「美國只是利用台灣」、「美國挑釁中國利用台灣」、「美國肯定不會出兵協助台灣」等。換句話說，越不滿意台灣民主現況的受訪者，越傾向同意疑美論相關的說法[8]。

值得注意的是，中國大部分的目的並不是要說服目標族群改變立場，反而是要製造該族群內部分裂，讓同一政治傾向的支持者互相攻擊和對立，分裂彼此。

二 輿論戰的攻擊管道與效果

針對 2024 年 1 月 13 日的總統與國會大選，中國當然也不會放過這個影響台灣政局的大好機會。根據台灣民主實驗室當年 1 月 19 日的研究報告〈2024 台灣選舉：境外資訊影響觀測報告初步分析〉[9]指出，在 2023 年 12 月之前，中國主要的策略是操作台灣原本既有的社會矛盾，透過放大議題中的爭點撕裂台灣社會，同時企圖鬆動執政黨的支持基礎。

---

8 Eric Hsu，2024 台灣選舉—越趨極化的台灣政治：陰謀論敘事與認知偏見的建構，台灣民主實驗室，2024 年 3 月 6 日。
9 數位情資小組，2024 台灣選舉：境外資訊影響觀測報告初步分析，台灣民主實驗室，2024 年 1 月 19 日。

這些議題包括進口雞蛋爭議、美國進口豬肉產地標示爭議、無能力自製國造潛艦及相關弊案、義務役需要上戰場、十萬印度移工來台爭議、賴清德萬里老家違建等。

隨著投票日靠近，中國的攻擊轉為更積極主動的資訊操弄，例如對台進行貿易壁壘調查並中止 ECFA 部分項目、稱民進黨製造謠言來指控中國對五月天施壓，以及散播賴清德有私生子和蔡英文秘史等，企圖透過造謠攻擊民進黨政治人物的私德、台灣經濟會因民進黨執政而惡化來影響選舉結果。

以下，將藉由幾個台灣民主實驗室研究的案例來做簡短討論。

民生

民生議題向來都是選舉的關鍵焦點，包含居住、就業、食安、醫療和教育。因此，選舉期間不僅各政黨在民生議題攻防，境外輿論戰的操作也不會放過。其中食安議題最能引起民眾關注，也容易引起社會不安。以進口雞蛋爭議為例，從 2022 年開始，市場因禽流感與原物料上漲導致零售價格快速飆漲，缺蛋潮讓社會浮動不安。農業部為了因應缺蛋危機，從 2023 年 3 月開始以專案進口雞蛋並推出補貼政策。

然而，根據台灣民主實驗室的研究，8 月仍舊出現「雞蛋進口商超思進口含有致癌物的毒雞蛋」、「超思進口過期

第四章　中國對台輿論戰

的臭雞蛋」、「欺騙人民將進口蛋液產地改為台灣」為題的資訊操弄，其樣式除了貼文、影片、迷因之外，操作者還利用特定詞組的 hashtag 如：「#台農董座 #涂萬財 #巴西臭蛋 #農業部 #陳吉仲」等進行協同分享與串聯以擴大觸及。

中國官媒則是等到台灣的輿論風向成行後，透過微博的熱門話題為此次輿論戰做出定調，此時 Facebook 上疑似境外匿名粉專，如政事每天報、每日資訊速報、熱點新聞報、話仙、新聞一起看等，再以類似的素材跟進，散布到各大公開社團。

再來看另一個台灣民主實驗室的研究案例：豬肉產地標示。從 2023 年 9 月開始出現「美國萊豬在台灣加工就變成台灣豬，為標示不實（洗產地）」、「標示不實的美國萊豬已被民眾吃下肚」、「政府利用台灣豬標章讓美豬上架」。類似雞蛋事件的操作方式，待台灣媒體開始報導後，中國官媒和商業媒體如台海網、海峽導報社、今日海峽、華夏經緯網等跟進報導「台灣民眾已將美豬吃下肚」和「台灣豬標章是政府用來混淆視聽讓美豬流通的手段」。同時，搭配匿名粉專或可疑帳號，協同散布相關迷因圖文和特定詞組的 hashtag 來呼應中國的敘事。

雞蛋與豬肉產地的議題是目前最常見的中國操作方式：一開始只是台灣內部的政治攻防議題，經由匿名政治評論粉專、不實或可疑帳號以協同操作的方式將議題炒熱。待熱度

・119・

提升之後,中國中途再加入,以官媒和社群媒體帳號進一步操作,同時搭配匿名粉專和可疑帳號以 hashtag 呼應,形成多層次、多平台且協同性的輿論操作。目的是惡化台灣民眾對食品安全的恐慌,同時塑造官商勾結的印象。值得注意的是,跟雞蛋議題不同,豬肉產地議題的操作還結合疑美論,同時增加對政府和美國的不信任感。

相較於其他議題,民生議題幾乎是離每個人日常生活最近的柴米油鹽醬醋茶。因此,操作跟民生議題相關的輿論戰,最容易讓社會陷入恐慌和混亂。特別是在食品、藥品或基本生活用品短缺的情況下,民眾往往會囤貨,進一步加劇供應鏈的壓力和物資短缺,形成惡性循環。當這種恐慌心理蔓延,會導致市場秩序混亂,價格飛漲,甚至出現哄抬物價的現象。在這種情況下,政府會疲於應對各種突發事件和民眾的需求,無暇應付其他國安威脅,這也是敵國操作輿論的目的。

國防

近年中國對台灣文攻武嚇越來越頻繁,使得國防議題越來越受到關注,特別是在選舉期間,這些議題常成為候選人辯論的焦點。圍繞國防議題的陰謀論和假資訊也層出不窮,對民眾造成混淆和誤導。陰謀論通常利用民眾對政府和軍事機構的不信任,散播無根據的指控,例如官商勾結、利益輸

送等,進一步引發社會的不安和對立;同時利用這些陰謀論和假資訊來操縱輿論攻擊對手,達到政治目的。以下摘要台灣民主實驗室兩個研究案例作為例子。

台灣首艘國造潛艦海鯤號於 2023 年 9 月 28 日舉行命名暨下水典禮後,關於潛艦的報導開始增加,網路上也隨即跟著出現「台灣沒有能力製造潛艦」、「國造潛艦看出台灣弊案連連」的相關貼文。中國官媒和微博大 V 帳號如台海網、海峽導報社和 UFO 啟示等也開始引用台灣部分政論節目的內容,例如「捷運高鐵車廂做不出來還做潛艦」、「2025年做不出 3 艘」、「潛艦品質差,無法下水」,企圖營造台灣潛艦製造能力不足的輿論氣氛。

除了攻擊台灣製造能力,中國也端出台灣在國造潛艦弊案連連的敘事。中國官媒以及在微博創「＃台自造潛艇投標案被質疑＃」、「＃台自造潛艇得標商成立 48 天拿到設計標案＃」和「＃國台辦回應台自造潛艇爭議不斷＃」的話題,同時分享台灣媒體報導,國民黨立委馬文君指控潛艦得標商 GL 成立 48 天就拿到潛艦設計標案的影片和文章。然後,台灣匿名政治粉專,如新聞總匯三明治,再把快篩試劑、進口雞蛋和國造潛艦組合成官商勾結陰謀論,並製作迷因圖文搭配一組 hashtag 散布於,意識形態較親中的社群。

另一個例子是義務役上戰場的敘事。2022 年以來開始出現關於國軍軍源不足的討論,義務役上戰場這個議題也跟

著熱議。中國對台輿論戰也不會放過這個可以見縫插針、製造社會不安的機會,「賴清德的家人都在美國,戰爭發生時不用上戰場」和「賴清德用話術騙票」等敘事也開始蔓延。

但值得注意的是,中國官媒在各類社群媒體主要的敘事是「民進黨將台灣帶向戰場」,同樣以節錄台灣新聞、政論材料的方式鋪陳強調民進黨配合外部勢力,要將台灣年輕人推向戰場。搭配疑似境外匿名粉專如清白評論圈、橙子有話說、新聞嘴、新聞趣事等以迷因或貼文,以及 hashtag,如「#瞎搞#兵役#賴清德#義務役#不用上戰場#國防部長#打臉」等,分享到反對民進黨和支持國民黨的社團。

綜上,可以發現國造潛艦、義務役上戰場這兩個國防議題的輿論戰操作歷程大致為:

國防議題操作歷程

1. 中國官媒節錄台灣媒體報導的影片和文章
2. 疑似境外匿名粉專發表結合以上敘事的迷因圖或貼文
3. 可疑的個人帳號或不實帳號分享到反對民進黨和支持國民黨的社團
4. 一群帳號會使用一組跟此主題有關且有聲量的 hashtag,讓內容傳得更廣

有人說:「台灣最大的不幸是:離上帝太遠,離中國太

近。」中國武力攻台的威脅使得台灣社會有著一股被戰爭陰霾籠罩的氛圍，雖說台灣政府、社會已著手武裝防衛自己，並強化社會韌性，但是對於戰爭的恐懼感仍會讓社會不時出現浮躁不安與焦慮。在這樣的狀態下，敵國操作跟國防相關的各種陰謀論挑動民眾的敏感神經，不僅能動搖民眾對政府的信心，也會削弱台灣社會的抵抗決心。而信心與決心也正是社會韌性的關鍵因素。

印度移工

另一種輿論戰的議題類型是操作族群偏見，利用社會上既存的偏見製造矛盾來散布不安感。例如《印度斯坦時報》（Hindustan Times）2023年9月26日報導，台灣將要跟印度簽署印度移工來台備忘錄，欲藉此輸入印度移工紓解勞力密集型產業缺工問題。根據台灣民主實驗室的調查，部分台灣媒體和網路論壇（PTT和Dcard）於11月中開始出現文章，將「最多將可招募十萬名印度移工」的說法，簡化成「十萬印度移工來台」，同時把「印度是性侵大國」、「台灣要變性侵島」加入敘事中。

中國官媒此時迅速跟進，發布了多篇文章和影片，標題多為「台灣將引進10萬印度勞工，在島內引發不滿」，這樣一方面加強印度的負面形象，也進一步加深台灣民眾對此議題的反感，引發對印度移工的歧視和擔憂。在操作手法

上,則是利用剛註冊的假帳號在相關報導中到處留言,散布「引進印度移工沒好處」、「還不如與大陸合作」的觀點。這樣的操作不僅企圖使台灣對印度社群產生負面情緒,同時趁機偷渡對中國有利論述。

這波印度移工的操作之初,資訊扭曲產出快速跟網路社群串聯配合,在短短的時間內就出現民間組織「反對增加新移工國」12月3日下午於凱達格蘭大道舉辦「守護民主台灣大遊行123別印來」,試圖動員出Dcard、LINE社群的成員上街頭,但根據媒體報導當日實際到場僅約百人,跟網路上的萬人響應有很大落差。即便最後上街頭的人數不多,值得注意的是,這波輿論戰的操作已從網路上擴及實體動員,而且從扭曲資訊的散布轉換成組織動員,僅在短短一個月內。

印度移工議題的操作歷程

1. 中國官媒跟進部分台灣媒體報導醜化印度
2. 跟中國有關的協同不實帳號佯裝為台灣人參與操作
3. 網路上的資訊操弄和網路社群的串聯快速結合,試圖動員來自Dcard、LINE社群的成員參與反對印度移工遊行

整體而言,部分媒體、網路論壇再加上中國的操弄,將移工問題與印度的性侵事件連結,惡意強化印度的負面形

象，進一步引發台灣社會對印度移工的歧視和擔憂，讓人們擔心引進印度移工會帶來治安問題。這樣的操作目的亦是要讓恐慌和偏見蔓延，加劇社會氛圍的緊張和不安。另一方面，讓民眾對政府的政策產生懷疑，進而逐步鬆動對政府的信任感。輿論戰的其一目的是，操弄一個議題鬆動一點信任感，經年累月就可能會讓民主國家天翻地覆。

蔡英文秘史

在競選期間，黑函、抹黑手段、陰謀論常常滿天飛，這是種相當典型的資訊戰。競選對手透過散布不實訊息和誹謗來打擊對手，動搖對手支持者的信心，進而提高勝算。這些黑函通常包含捏造的醜聞、誇大其詞的指控，甚至是完全虛假的故事，試圖讓競爭者陷入道德或法律困境。隨著社群媒體的普及，這些黑函的影響力能迅速擴大，也導致輿論戰變得更加激烈。選民在這樣的訊息混亂中，很容易受到影響，做出偏頗的判斷。輿論戰不僅使選舉氛圍變得緊張和對立，也挑戰民眾對政治訊息的判讀。以下摘要台灣民主實驗室針對2024年大選前，網傳《蔡英文秘史》的研究案例。

在2024年1月總統選舉前夕，各大社群平台和論壇流

傳著超過 10 萬字的電子書《蔡英文秘史》，內容是在講時任總統蔡英文扭曲、邪惡及不為人知的一面。根據調查，這本陰謀論「書籍」幾個重要的操作時間點為：

2023 年 12 月 28 日	▶	是最早可追到上傳到網路空間 ufile.io 的時間。
2024 年 1 月 2 日	▶	被以 word 和 pdf 的檔案格式上傳到網路空間 zenodo.org。下載超過 2.7 萬次。
2024 年 1 月 4 日	▶	開始出現在 Facebook、X、TikTok 等主流平台。
2024 年 1 月 9 日	▶	開始被大量散布。
2024 年 1 月 13 日	▶	總統大選投票日。

雖然這本書的作者是化名為「台灣作家」林樂書，但是內容卻有大量中國用語和簡繁轉換的錯誤，例如：髮現（即發現）。此外，書中插圖的來源圖檔名是簡體中文；因此，此書極可能不是出自台灣人之手。

疑點二是有不少知名人士及網紅收到大量跟《蔡英文秘史》有關的信件及私訊。也有 Facebook、X、YouTube 及 TikTok 的假帳號在進行協同操作擴散，搭配生成式人工智慧（生成式 AI）散布，並出現在一些不知名的外國媒體上。中國在這個陰謀論的操作模式中有一個值得注意的特徵是，

相較於 2022 年地方選舉，中國此次出動的宣傳工具，無論是中國官媒、港媒、微博大 V，或是臉書上的疑似境外匿名粉專的參與度很低。

原因可能是過往抹黑政治人物的手法，對中國官媒來說有損形象。再則，有可能是考慮到透過官媒等媒介操作過於明顯，反而會引起台灣人民反感。另一點是，透過大量假帳號協同炒熱議題能減少介選的痕跡，降低台灣選民的戒心，也能讓假資訊、陰謀論研究者更難追溯源頭。

另一值得一提的是，中國此次挹注龐大資源在操作此陰謀論。例如散布的平台類型相當廣泛，其目的是要讓台灣民眾對時任總統蔡英文所產生的負面印象，連結到當時民進黨總統候選人賴清德（時任副總統），進而影響選舉結果。

《蔡英文秘史》操作歷程

1. 生產「書籍」《蔡英文秘史》與相關影音
2. 刊登在一些不知名的外國新聞媒體
3. 假帳號的大量協同操作、郵件及私訊洗版
4. 境外反美帳號跟進散播

陰謀論經常是攻擊政治人物的有力武器，尤其是在選舉前夕。一部關於政治人物的「秘史」突然曝光，內容詳述其種種「道德瑕疵」，可能會立刻引發激烈的輿論戰。特別是

陰謀論的神秘色彩和危言聳聽的敘事，更能在社群媒體上迅速蔓延。閱聽者缺乏事實驗證，再加上離投票日時間短，澄清資料來不及散布，就有可能影響選舉結果。

最近幾年，中國主要是放大台灣內部的爭議議題。挑選台灣內部本來就存在的矛盾與衝突的議題再製後，以各種不同的素材類型透過手中的社群網絡散布。雖然中國不是這些議題的製造者，但會選擇特定的議題將風向導成不利執政黨或是疑美論。在散布管道方面，通常是透過層級較低的中國平台帳號、境外匿名帳號、台灣的親中政治人物和媒體，搭配相關的 hashtag，大量且重複投放，或是曝光到大型群組，企圖影響台灣民眾的認知。

然而，中國近期的攻擊手法再度進化。台灣民主實驗室觀察到，中國開始在攻擊素材放進台灣慣用語，甚至改編流行台語歌曲來散布爭議資訊，內容的在地化也有利於在地代理人後續操作。利用生成式 AI 產出相似的內容，取代過去千篇一律的素材，排定隨機的發文、留言或分享時間，讓協同操作看起來不那麼有協同感。同時深入瞭解台灣當下的輿論現況，細緻地利用在地議題創造社會矛盾。輿論戰的高度在地化，也會讓台灣民眾更難察覺眼前的資訊是否是中國的資訊操作。未來，中國的輿論戰操作可能會持續走模糊境外操作的痕跡，會讓追蹤與防制更加困難。

肆 對抗輿論戰

事實上,識別陰謀論並不是一般人的工作,因為這涉及到追蹤散播者、分析網路等艱鉅任務。這就跟一般人在戰爭中不一定需要識別敵軍的武器一樣,而是先趕快逃跑並保護自己比較重要。活著才能繼續抵抗。

一 不讀不傳就萬無一失?

在網路社群媒體上,資訊氾濫成災,真假難辨,這讓很多民眾感到心理負擔,可能還會引發憤怒和疲憊等情緒。因為無法分辨訊息的真偽,有些人會選擇對資訊採取迴避策略,並預設可疑資訊為假,一律刪除、不看、不傳。這樣的策略雖然可能幫助抑制不實資訊的傳播,但長遠來看,這樣的人會因為不深究、不查核,也不與人討論而變得像資訊孤島,失去學習新資訊和參與民主的能力。

阻斷來源不明的消息,當然是控制假消息的一個重要手段。然而,台灣民主實驗室的調查報告指出,這種做法往往是因為人們無法辨別真偽,迫不得已才選擇保守地認定大多數消息都是假的,乾脆不看不傳。這種迴避行為並不是唯一的選擇。如果接收消息的人能學會批判性地閱讀,即可從文章的特徵、文字中隱含的情緒,以及作者的意圖來判斷消息的可靠性。這樣做不僅可以更靈活地應對不同的消息,也可

以避免屏蔽所有消息。

如果我們不能看透那些惡意散布假消息者的意圖和策略，反而可能更容易被操弄。例如，看到與中國相關的關鍵字就「通通不看」，這種做法其實是對資訊判斷力沒自信。

研究顯示，那些採取迴避態度的民眾，通常對政治時事的關注度和媒體識讀能力都較低；相反地，那些在面對資訊過載時依然積極應對的人，對政治時事的關心度較高，並且在資訊識讀和查證方面展現出基本能力。這意味著，迴避消息並不是解決問題的好方法。我們應該學習如何批判性地閱讀和判斷資訊，這樣才能在保護自己的同時，保持對世界的關注和參與。

另一方面，疲於面對相似且重複的可疑訊息，有些人會在討論真假和是否轉傳時，先檢視訊息的行文方式，當認定很可能是假的時，就決定不轉傳。追查可疑的負面消息以確認真假，是提高自己掌控力的重要行動，同時也會因此獲得成就感與安心感。積極吸收、理解並判斷政治訊息，而非迴避，才是公民參與的重要一環。

輿論戰的一個重要目的是透過資訊爆炸和混淆，使人們參與政治活動和公共議題討論的意願降低。當越多人不關心也不參與公共事務，敵對國家在經濟、政治和法律層面的操作就會更加如魚得水。從這個角度來看，資訊迴避伴隨的政治冷漠正是資訊作戰的目標之一。

瞭解敵人的策略目的後，應對的基本概念是避免落入資訊迴避的困境。積極的態度與策略是必要的，其中一個關鍵是提升媒體識讀（media literacy）能力，逐步透過查證、留意資訊被操弄的痕跡來提升辨識能力。

對於政府而言，民眾在反制不實訊息上，普遍缺乏媒體識讀能力和培養這種能力的意識。建議政府瞭解民眾心理，積極協助提升媒體識讀能力，這不僅是防治不實訊息的根本，也有助於深化民主。

二、在資訊世界裡如何保護自己？

首先，因為中國在散播陰謀論的時候必須要尋找適合的對象下手，因此第一件事情應該是要讓自己不要成為那一個對象。這件事情並不難，事實上就是保護好個人資料即可。科技公司經常因應惡意攻擊或各國的監管而修改隱私政策，這些變動應該要取得用戶同意，但我們往往不會仔細閱讀相關訊息。例如，微信就曾承認其應用程式會頻繁查看用戶的手機相簿。當你的隱私被蒐集越多，就越容易成為輿論戰的目標：因為敵人越來越「瞭解」你。

當你的喜好和個資不被暴露，就表示敵人無法瞭解你。別人不知道你是喜歡看可愛動物的影片，還是喜歡看心理測驗，便無法輕易地把你找出來並把資訊餵給你。

因此，中國的軟體不要用，中國的APP不要下載，就

是在資訊世界保護自己的第一步。

然而，在社群媒體的演算法之下，可能還是很難避免中國資訊砸到我們的面前，此時如果想要更進一步，建議可以看台灣民主實驗室（台灣專門分析中國輿論戰的單位）所製作的陰謀論教學網站（破譯假訊息新手村網站 https://fight-dis.info/tw/），裡面有詳盡的教學，讓一般民眾可以學會基礎判定陰謀論的方式。如果不想要那麼複雜，那麼至少不要看來源不明、日期不明與口氣誇大的消息。

至於假消息，反而簡單。假消息與陰謀論（陰謀論檢核表 https://fight-dis.info/tw/Conspiracy-Theory-Checklist.html）不同，假消息通常能迅速被破解，因此單一假消息並不會造成立即傷害，然而，敵方想使用假消息進攻時，一定會使用大量的假消息，讓我們無法逐一破解，進而造成效果。

此時，就需要有正確傳遞訊息的管道。就像COVID-19疫情時衛福部的記者會一樣，即使有再多的假消息，當人民習慣以下午兩點的記者會來接收訊息的時候，自然其他的假消息就沒有辦法造成效果。因此，與其精心破解假消息，不如政府或民間直接建立起有信用、規律的資訊管道，如此一來，假消息的數量就不會是問題，因為不在可信任範圍的資訊，一律可視為假消息。

當然，如果想要更進一步應對假消息，建議可閱讀台灣事實查核中心的查核報告，熟悉查證過程；然後運用自己的

力量,把可疑的訊息在 Line 上面回報給 Mygopen 等組織,為闢謠的工作盡一份公民的力量。

最後,當陰謀論被揭露之後,就毋需落入中國的陷阱,反而應該是正面迎擊!比如說,當中國不斷地告訴我們簽和平協議的好處,我們毋需爭論到底有多好或多爛,而是正面設定議題,告訴大家,上一個跟中國簽和平協議的地方叫做西藏。

伍　OSINT 公開情報蒐集、Fact Check

在資訊世界當中,如果只是被動地自保,有一定的媒體識別能力,並不足以讓我們贏下戰爭。更積極一點來說,如果多數人民有獨立蒐集情報的能力,那麼將對戰場勝負產生重大的影響。

情報在軍事上的作用巨大,尤其是對於整體實力較弱的一方,因為唯有掌握準確情報,才可以將有限資源做出合理利用並作戰。情報的搜集管理按照來源分為 5 個主要部分,分別是:HUMINT(人員情報)、SIGINT(信號情報)、IMINT(圖像情報)、MASINT(測量與特徵情報)以及 OSINT(公開情報)。其中前 4 個情報來源都是保密,且需要一定的專業能力、儀器或設備才能進行的,唯有最後的 OSINT(公開情報蒐集)不同,是一般人就可以做的事情。

公開情報蒐集在近代戰爭之中有著舉足輕重的地位。由於網路的發達，使得情報變得不是只有在圖書館，而是在浩瀚的網路世界裡。如何運用公開的資訊來協助情報單位與軍方作戰，是現代戰爭的重要課題。

在烏俄戰爭中，烏克蘭透過就 OSINT 技巧協助部隊作戰，以下是實際案例：

1. 號召公民拍攝俄軍士兵、車輛的照片，透過系統上傳，彙整情資以掌握俄軍行蹤。
2. 一名 15 歲少年利用無人機協助定位，成功讓烏軍砲兵轟炸俄羅斯車隊，延緩俄軍進攻。
3. 集結民間資訊、軟體高手，成立 31 萬人組成的 IT 大軍（實際運作約 20 萬人），協助網路資訊攻防。
4. 烏克蘭軍情局在社群媒體上創造美女帳號，誘騙俄羅斯士兵傳送自拍照，從照片中判斷出軍隊的位置並對其進行攻擊。
5. 在烏俄戰爭開打前，俄羅斯在 TikTok 放出假情報，讓烏克蘭人民認為坦克已經開入烏克蘭；然而，公開情報搜集團隊讓這個假情報在 5 分鐘之內就被破解，透過影片裡面的元素，快速定位出該影片真正的經緯度。

然而,公開情報收集不可能到戰爭的時候才來練習,因此理想狀況之下,如果若有幾萬人能在平時練習公開情報收集的能力,就能夠讓台灣在這場戰役當中贏在起跑點。

尤其在戰爭開打之後,由於民眾大量的收集情報,透過公開情報收集團隊的驗證,把這些情報全部更新在特定網站上,讓人民可以不斷在網站上看到真正最新的資訊,一方面可以應對假消息的攻擊,一方面也可以讓民眾安心,知道戰場的發展,決定自己的避難措施。

當然,必須注意的是,參與公開情報蒐集的先決條件,是懂得保護自己不被敵人發現。能夠做好這件事,並在全台灣各地組成情報蒐集小隊,有助於台灣的抵抗能量。想要進一步學習情報蒐集的技巧,歡迎來加入黑熊的 OSINT 課程。

陸 結語
「心防」的重要性:成為捍衛家園的重要後備員

中國輿論作戰的內容,其重點無疑是建立我們對於政府、專業、媒體與民主制度的不信任。

然而,這個很容易跟任何反對黨的論述結合,導致在討論守衛國家的同時,變成政黨之爭。

因此,必須適當地分別政黨與政府的差異。我們的守衛意志是建立在對政府的信任上,而不是政黨。

在資訊世界方面,保護好自己的個資,選擇信任的資訊管道,並適當地參與回報訊息的工作,並不任意轉傳沒有來源或日期的資訊,即可建立有效的防禦機制。

烏俄戰爭初期,陷入戰火的烏克蘭邊境城市布查。
(圖片來源:維基百科,Houses of the Oireachtas from Ireland。)

第四章　中國對台輿論戰

然而，中國進攻的手法日新月異，例如，透過捐贈網紅的方式，讓網紅不自覺向中國傾斜，這種方式無法輕易察覺，此時，只能靠正確的敵我意識與邏輯思考能力對抗。

戰火下的布查。
（圖片來源：維基百科，攝影 Oleksandr Ratushniak。）

附錄

近未來戰爭的樣貌與烏克蘭經驗

壹 近未來戰爭的樣貌：AI

　　AI 亦稱人工智慧，是當前科技發展前緣的另一焦點，近幾年來發展迅速，已不只是概念與想像，而是實質進入了我們生活中的各個領域，包括金融、交通、通訊與娛樂等。毫無疑問地，這一科技也必將迅速應用於當前與未來軍事領域。

　　在戰爭中運用 AI 技術進行輔助、提升戰場管理、控制能力甚至作為系統運作的核心，加強並強化決策效能，甚至取代人類分析態勢認知重構與決斷反應的機制，是當前的主要發展方向。例如美國空軍的「Skyborg」計畫中，美軍預計採取戰鬥機和由 AI 無人機混合編隊的形式，並由載人戰鬥機指揮無人機群的嶄新模式進行戰鬥。

　　各國雖然都在積極推進，但也因憂慮其高效的能力與發展自我認知的潛力，最終可能會全面取代人類在系統中的作用，從而讓該科技全面脫離人類掌控。許多人對此深感戒慎恐懼，擔憂若對 AI 科技發展躊躇不前則落後於與對手未來的競爭態勢，若積極大膽擁抱該項科技卻又可能最終失去對該項科技的掌控能力，從而陷入高度的道德風險。

　　台海衝突的態勢緊迫且複雜，面對中國強大的威脅，如何發揮不對稱戰力與優勢，是台灣必須構思的重要課題，對此困境，積極運用尖端前緣科技之發展與應用，以彌補先天

的實力落差，避免落入單純量體比較的軍備競賽不利態勢是其關鍵。因此，發展包括 AI 科技在軍事甚至含括總體國家管理反應效能的提升，是勢在必行的選擇。對於身處弱勢與守勢的台灣，積極投入 AI 科技的發展與應用，甚至提升整體國家管理與應變機制的系統整合與效能提升，有其必然性與強烈的需求。但在發展與運用先端科技如 AI 科技等領域，如何從基礎與量能上有效發展該科技固然是當前我們的挑戰，如何在未來於運用 AI 科技的輔助並規避上述的失控或潛在的風險，則會是另一個我們必須及早思索與積極應對的課題。

貳 近未來戰爭的樣貌：無人載具

2022 年爆發的烏俄戰爭，交戰的雙方均開始大量使用無人科技，其應用的領域除包含以空中飛行方式區分為傳統固定翼或多軸旋翼等無人飛行器具外，也包括在陸地以輪型及履帶方式行進的無人載具。烏克蘭在 2022 年 10 月利用組裝的自殺無人快艇襲擊俄羅斯的艦艇與港口進行，這都顯示了無人科技在軍事領域的多方應用與發展。

從現實狀況來看，交戰雙方除了購入或開發軍用的無人作戰系統，在開戰初期，面對需求的緊迫與應用資材的稀缺，烏俄雙方也利用大量的商用或民用無人機進行軍事任

務，比方說利用、或徵集原先設計為娛樂航拍的無人機來進行或輔助關於國土巡邏、搜索偵查等軍事輔助任務；在烏俄戰爭初期，烏克蘭民眾與軍事協力機構甚至改裝民用無人機以投擲燃燒瓶、手榴彈與迫擊砲等方式進行攻擊與防禦任務。而台灣為援助烏克蘭，在支援的物資中也曾提供無人機供烏克蘭政府與民眾進行戰場支援之任務。甚至傳出波蘭政府曾大量向台灣民間無人機公司訂購可攜行投擲多發迫擊砲彈能力之小型無人機供烏克蘭軍方使用，成效卓著且頗獲好評，這也是相當成功的案例。

台灣與中國之間隔著廣大的海空域，無論從國土防禦或積極反擊的角度，無人科技勢必成為未來衝突中的重要力量。台灣本身電子產業發達，對於進入無人科技的發展擁有一定基礎。無人機平時的應用層次與領域非常多元發達，其相關產業的發展日益蓬勃，台灣政府亦有感於此項科技領域不但具有前瞻發展的特性，且台灣具有積極發展厚植無人科技自主掌握開發的潛力，其所能量之累積又能作為平戰轉換，積極增加台灣防衛量能的可能。因此，透過發展無人機具，打造「無人機發展國家隊」，厚植無人科技研發與產業化量能，以加強台灣防禦能量、抵禦敵人入侵，將是必然且合理的國防投資。

台灣人的民防必修課：
從台海戰爭到居家避難，一次看懂　韌性篇

作　　　者	黑熊學院
企劃選書	林君亭
責任編輯	鄭清鴻、楊佩穎
行銷企劃	張笠
美術設計	兒日設計
內頁排版	藍天圖物宣字社
繪　　圖	Ilid Chou

出　版　者　前衛出版社
　　　　　　10468 臺北市中山區農安街 153 號 4 樓之 3
　　　　　　電話：02-25865708　｜　傳真：02-25863758
　　　　　　郵撥帳號：05625551
　　　　　　購書・業務信箱：a4791@ms15.hinet.net
　　　　　　投稿・編輯信箱：avanguardbook@gmail.com
　　　　　　官方網站：http://www.avanguard.com.tw

出版總監　林文欽
法律顧問　陽光百合律師事務所
總　經　銷　紅螞蟻圖書有限公司
　　　　　　11494 臺北市內湖區舊宗路二段 121 巷 19 號
　　　　　　電話：02-27953656　｜　傳真：02-27954100

出版日期　2024 年 11 月初版一刷
定　　價　新臺幣 500 元（套書不分售）

套書 ISBN：978-626-7463-68-0

©Avanguard Publishing House 2024
Printed in Taiwan.

＊請上「前衛出版社」臉書專頁按讚，追蹤 IG，獲得更多書籍、活動資訊
https://www.facebook.com/AVANGUARDTaiwan

國家圖書館出版品預行編目 (CIP) 資料

台灣人的民防必修課：從台海戰爭到居家避難，一次看懂. 韌性篇
／黑熊學院作. -- 初版. -- 臺北市：前衛出版社, 2024.11
　　面；　公分

ISBN 978-626-7643-65-9（平裝）

1. CST: 民防　2. CST: 國防教育　3. CST: 兩岸關係　4. CST: 戰爭

599.78　　　　　　　　　　　　　　　　　　　　　113016449